高等教育工业机器人课程实操推荐教材

工业机器人故障诊断与预防维护实战教程

主　编　叶　晖

副主编　周　华

参　编　肖步崧　何智勇　肖　辉

机械工业出版社

本书围绕着从认识 ABB 工业机器人硬件构成，到能够独立完成工业机器人的基本故障诊断，以及根据实际情况进行周期维护和保养这一主题，通过详细的图解实例对 ABB 工业机器人的硬件、故障诊断、周期维护和保养相关的方法与功能进行讲述，让读者掌握与故障诊断、周期维护和保养作业相关的每一项具体操作方法，从而使读者对 ABB 工业机器人本体控制器硬件方面有一个全面的认识。为便于老师授课，本书配有 PPT 课件，可联系 QQ296447532 获取。

本书适合从事 ABB 工业机器人应用的操作与设备管理技术员和工程师，特别是 ABB 工业机器人的设备维修人员，以及普通高校和高职院校智能制造和机器人相关专业的学生学习与阅读参考。

图书在版编目（CIP）数据

工业机器人故障诊断与预防维护实战教程/叶晖主编. —北京：机械工业出版社，2018.3
（2025.1 重印）

高等教育工业机器人课程实操推荐教材

ISBN 978-7-111-59385-0

Ⅰ . ①工… Ⅱ . ①叶… Ⅲ . ①工业机器人—故障诊断—高等学校—教材
②工业机器人—维修—高等学校—教材 Ⅳ . ①TP242.2

中国版本图书馆 CIP 数据核字（2018）第 047858 号

机械工业出版社（北京市百万庄大街 22 号 邮政编码 100037）

策划编辑：周国萍 责任编辑：周国萍

责任校对：王明欣 封面设计：陈 沛

责任印制：刘 媛

涿州市京南印刷厂印刷

2025 年 1 月第 1 版第 11 次印刷

184mm×260mm · 13.75 印张 · 304 千字

标准书号：ISBN 978-7-111-59385-0

定价：59.00 元

前言

　　生产力的不断进步推动了科技的进步与革新，建立了更加合理的生产关系。自工业革命以来，人力劳动已经逐渐被机器所取代，而这种变革为人类社会创造出巨大的财富，极大地推动了人类社会的进步。时至今天，机电一体化、机械智能化等技术应运而生。人类充分发挥主观能动性，进一步增强对机械的利用效率，使之为我们创造出更加巨大的生产力，并在一定程度上维护了社会的和谐。工业机器人的出现是人类在利用机器进行社会生产史上的一个里程碑。在发达国家中，工业机器人自动化生产线成套设备已成为自动化装备的主流及未来的发展方向。国外汽车、电子电器、工程机械等行业已经大量使用工业机器人自动化生产线，以保证产品质量，提高生产效率，同时避免了大量的工伤事故。全球诸多国家近半个世纪的工业机器人的使用实践表明，工业机器人的普及是实现自动化生产、提高社会生产效率、推动企业和社会生产力发展的有效手段。

　　全球领先的工业机器人制造商瑞士 ABB 致力于研发、生产工业机器人已有 40 多年的历史，是工业机器人的先行者，拥有全球超过 30 多万台工业机器人的安装经验，在瑞典、挪威和中国等地设有工业机器人研发、制造和销售基地。ABB 于 1969 年售出全球第一台喷涂机器人，于 1974 年发明了世界上第一台工业电动机器人，并拥有种类较多、型号较全的机器人产品、技术和服务，以及较大的工业机器人装机量。

　　在本书中，以 ABB 工业机器人为案例对象，就如何正确进行工业机器人的故障诊断与周期维护及保养以项目式教学的方式进行详细的讲解，力求让读者对 ABB 工业机器人的故障诊断与周期维护及保养有一个全面的了解。书中的内容简明扼要、图文并茂、通俗易懂，适合从事工业机器人操作，特别是对需要进行 ABB 工业机器人故障诊断与周期维护及保养的工程技术人员，以及普通高校和高职院校智能制造和机器人相关专业的学生学习与阅读参考。中国 ABB 机器人市场部为本书的撰写提供了许多宝贵意见，在此表示感谢。尽管编著者主观上想努力使读者满意，但在书中肯定还会有不尽人意之处，欢迎读者提出宝贵的意见和建议。

编著者

目录

任务 1　工业机器人的安全作业事项

 任务目标

➤ 清楚安全生产的重要性
➤ 认识和理解安全标志与操作提示
➤ 了解工业机器人适用的工业标准
➤ 工业机器人安全作业的关键事项

任务 1-1　清楚安全生产的重要性

 工作任务

➤ 掌握"安全第一，预防为主"的含义。
➤ 清楚安全第一与预防为主之间的关系。

"安全第一"是安全生产方针的基础，当安全和生产发生矛盾时，必须先要解决安全问题，保证劳动者在安全的条件下进行生产劳动。只有保证安全的前提下，生产才能正常进行，才能充分发挥职工的生产积极性，提高劳动生产率，促进我国经济建设的发展和保持社会的稳定。

"预防为主"是安全生产方针的核心和具体体现，是实施安全生产的根本途径。

安全工作千千万，必须始终将"预防"作为主要任务予以统筹考虑。除了自然灾害造成的事故以外，任何建筑施工、工业生产事故都是可以预防的。关键是必须将工作的立足点纳入"预防为主"的轨道，"防患于未然"，把可能导致事故发生的所有机理或因素，消除在事故发生之前。

安全与生产的辩证统一关系——生产必须安全，安全促进生产。

生产必须安全。就是说，在施工作业过程中，必须尽一切所能为劳动者创造安全卫生的劳动条件，积极克服生产中的不安全、不卫生因素，防止伤亡事故和职业性毒害的发生，使劳动者在安全、卫生的条件下顺利地进行生产劳动。

安全促进生产，就是说，安全工作必须紧紧地围绕着生产活动来进行，不仅要保障职工的生命安全和身体健康，而且要促进生产的发展。离开安全，生产工作就毫无实际意义。

任务 1-2 认识和理解安全标志与操作提示

工作任务

➤ 牢记工业机器人及控制柜上的安全标志。
➤ 牢记工业机器人本体和控制柜上的操作标志及提示。

1. 在工业机器人及控制柜上的安全标志

与人身以及工业机器人使用安全直接相关的标志及提示含义见表 1-1，务必熟知。

表 1-1

标志及提示	含 义
危险	如果不依照说明操作，就会发生事故，并导致严重或致命的人员伤害和/或严重的产品损坏。该标志适用于以下险情：触碰高压电气装置、爆炸或火灾、有毒气体、压轧、撞击和高空坠落等
警告	如果不依照说明操作，可能会发生事故，造成严重的伤害（可能致命）和/或重大的产品损坏。该标志适用于以下险情：触碰高压电气单元、爆炸、火灾、吸入有毒气体、挤压、撞击、高空坠落等
电击	针对可能会导致严重的人身伤害或死亡的电气危险的警告
小心	如果不依照说明操作，可能会发生造成伤害和/或产品损坏的事故。该标志适用于以下险情：灼伤、眼部伤害、皮肤伤害、听力损伤、挤压或滑倒、跌倒、撞击、高空坠落等。此外，它还适用于某些涉及功能要求的警告消息，即在装配和移除设备过程中出现有可能损坏产品或引起产品故障的情况时，就会采用这一标志
静电放电（ESD）	针对可能会导致严重产品损坏的电气危险的警告。在看到此标志时，在作业前要进行释放人体静电的操作，最好能带上静电手环并可靠接地后才开始相关的操作
注意	描述重要的事实和条件。请一定要重视相关的说明
提示	描述从何处查找附加信息或如何以更简单的方式进行操作

2. 在工业机器人本体和控制柜上的操作标志及提示

在对工业机器人进行任何操作时，必须遵守产品上的安全和健康标志。此外，还需遵守系统构建方或集成方提供的补充信息。这些信息对所有操作机器人系统的人员都非常有用，特别是在安装、检修或操作期间。在工业机器人本体和控制柜上的操作标志及提示说明见表 1-2。

表　1-2

标志及提示	说　明
禁止	此标志要与其他标志组合使用才会代表具体的意思
请参阅用户文档	请阅读用户文档，了解详细信息
请参阅产品手册	在拆卸之前，请参阅产品手册
不得拆卸	对有此标志提示的工业机器人部件绝对不能拆卸，否则会导致对人身的严重伤害
旋转更大	此轴的旋转范围（工作区域）大于标准范围。一般用于大型工业机器人（比如 IRB6700）的轴 1 旋转范围的扩大
制动闸释放	按此按钮将会释放工业机器人对应轴电动机的制动闸。这意味着工业机器人可能会掉落。特别是在释放轴 2、轴 3 和轴 5 时要注意工业机器人对应轴因为地球引力的作用而向下失控的运动
倾翻风险	如果工业机器人底座固定用的螺栓没在地面做牢靠的固定或松动，那就可能造成工业机器人的翻倒。所以要将工业机器人固定好并定期检查螺栓的松紧
小心被挤压	此标志处有人身被挤压伤害的风险，请格外小心
高温	此标志处由于长期和高负荷运行，部件表面的高温存在可能导致灼伤的风险
注意！工业机器人移动	工业机器人可能会意外移动

（续）

标志及提示	说　明
储能部件	警告此部件蕴含储能不得拆卸。一般会与不得拆卸标志一起使用
不得踩踏	警告如果踩踏此标志处的部件，会造成工业机器人部件的损坏
制动闸释放按钮	单击对应编号的按钮，对应的电动机抱闸会打开
吊环螺栓	一个紧固件，其主要作用是起吊工业机器人
带缩短器的吊货链	用于起吊工业机器人
工业机器人提升	用于对工业机器人的提升和搬运提示
加注润滑油	如果不允许使用润滑油，则可与禁止标签一起使用
机械挡块	起到定位作用或限位作用
无机械限位	表示没有机械限位
压力	警告此部件承受了压力。通常另外印有文字，标明压力大小
使用手柄关闭	使用控制器上的电源开关关闭电源

（续）

标志及提示	说　明
ABB Engineering(Shanghai) Ltd. Made in China Type:　　　　　　　IRB1200 Robot variant :　　　IRB1200-7/0.7 Protection :　　　　Standard Circuit diagram:　　See user documentation 1200-888888 Data of manufacturing :　03/22/2016 Max load :　　　　See load diagram Net weight :　　　　54kg 额定值标示	写明该款工业机器人的额定数值
1200-501374 Axis　Resolver values 1　4.3613 2　3.8791 3　3.4159 4　2.1185 5　2.3283 6　0.6529 校准数据标示	标明该款工业机器人每个轴的转速计数器更新的偏移数据
120-504444 工业机器人序列号标志	该款工业机器人产品的序列号（每台工业机器人序列号都是唯一的）
阅读手册标签	请阅读用户手册，了解详细信息
ABB Collaborative Robot System Also Certified to: ISO 13849:2006 up to PL b (Cat B) See manual for safety functions　UL UL 标示	产品认证安全标志
WARNING - LOCKOUT/TAGOUT DISCONNECT MAIN POWER BEFORE SERVICING EQUIPMENT　警告标示	在维修控制器前将电源断开
Absolute Accuracy　AbsAcc 标示	绝对精度标示
说明标示	1）制动闸释放 2）工业机器人可能发生移动 3）制动闸释放按钮
3HAC 037277-001　警告标示	拧松螺栓有倾翻风险

工业机器人 IRB1200 专用标签说明见表 1-3。

表 1-3

标　　签	说　　明
 说明标签	工业机器人提升

工业机器人 YuMi 专用标签说明见表 1-4。

表 1-4

标　　签	说　　明
 起吊标签	按照用户文档要求起吊 YuMi 工业机器人
 小心标签	未固定的话，会有倾倒风险

工业机器人 IRB910SC 专用标签说明见表 1-5。

表 1-5

标　　签	说　　明
	轴 2 运动方向标记
	轴 3、轴 4 运动方向标记

（续）

标　签	说　明
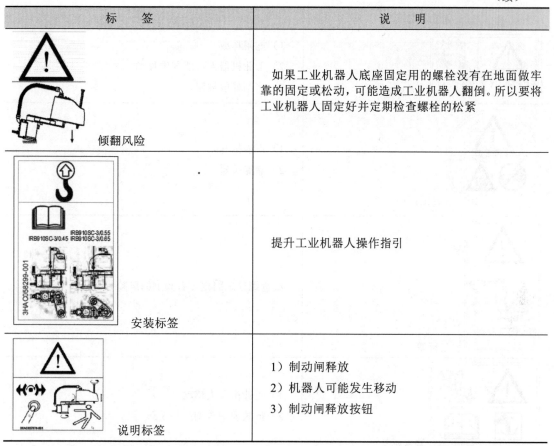 倾翻风险	如果工业机器人底座固定用的螺栓没有在地面做牢靠的固定或松动，可能造成工业机器人翻倒。所以要将工业机器人固定好并定期检查螺栓的松紧
 安装标签	提升工业机器人操作指引
 说明标签	1）制动闸释放 2）机器人可能发生移动 3）制动闸释放按钮

工业机器人 IRB6700 专用标签说明见表 1-6。

表　1-6

标　签	说　明
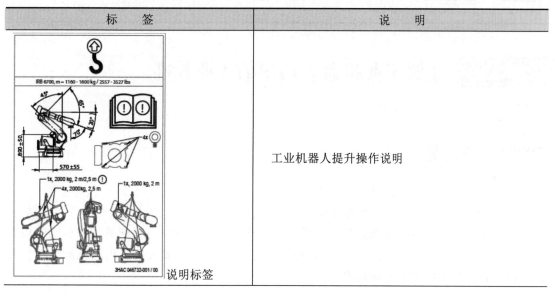 说明标签	工业机器人提升操作说明

（续）

标　　签	说　　明
 说明标签	1）抱闸释放 2）工业机器人可能发生移动 3）抱闸释放按钮
 警告标签	1）不能拆开 2）储能装置
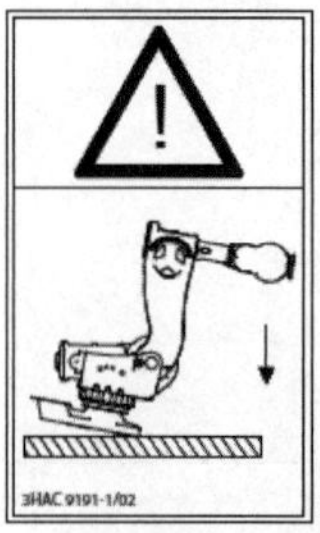 警告标签	底盘螺栓未固定，有倾倒的风险
 警告标签	1）工业机器人移动 2）拆装前请查阅产品手册
 警告标签	请保持平衡装置区域没有物体阻碍

任务 1-3　了解工业机器人适用的工业标准

工作任务

➢ 了解 ABB 工业机器人符合的安全标准

➢ 了解各种工业机器人标准的作用

正所谓，无规矩不成方圆。工业机器人的生产与使用必须执行对应的工业标准，以保证质量、功能以及安全的要求。这里，就通过学习 ABB 工业机器人所适用的标准（表 1-7）来了解工业机器人的相关工业标准。

表 1-7

标准号及名称	简 介
EN ISO 12100 Safety of machinery - General principles for design - Risk assessment and risk reduction （《机械安全 设计通则 风险评估与风险减小》）	EN ISO 12100 使设计工程师对可安全用于定制用途的机器制造有了全面的了解。EN ISO 12100 在很大程度上结合了 EN ISO 12100-1 和 EN ISO-2 以及 EN ISO 14121-1。机械安全条款考虑的是机器满足其使用寿命期间的定制功能，继而充分降低风险的能力。EN ISO 12100 第 1 部分的目的是定义基本危险，从而帮助设计师识别相关重要危险
EN ISO 13849-1 Safety of machinery, safety related parts of control systems - Part 1: General principles for design （《机械安全、控制系统的安全相关部件 第 1 部分：设计通则》）	作为 EN 954-1 的后续标准，EN ISO 13849-1 是适用于机械安全相关控制系统设计的主要安全标准。EN ISO 13849-1：2008 是欧盟的《官方公报》以机械指令 2006/42/EC 的名义发布的协调标准。因此，符合性推定适用于该标准
EN ISO 13850 Safety of machinery Emergency stop - Principles for design （《机械安全 紧急停止 设计通则》）	本标准规定了与控制功能所用能量形式无关的急停功能要求和设计原则。本标准适用于除以下两类机器以外的所有机械：急停功能不能减小风险的机器；手持式机器和手操作式机器。本标准不涉及可能是急停功能部分的反转、限制运动、偏转、屏蔽、制动或断开等功能
EN ISO 10218-1 Robots for industrial environments - Safety requirements - Part1 Robot（《工业环境用机器人 安全要求 第 1 部分：机器人》）	描述了需求和固有安全设计指南，防护措施和信息使用的工业机器人。描述了工业机器人基本的危害，并提供需求充分消除或减少这些危害的风险
EN ISO 9787 Robots and robotic devices Coordinate systems and motion nomenclatures （《操纵工业机器人、坐标系和运动》）	指定并定义工业机器人坐标系统。也给出基本的指令和符号操纵工业机器人运动，旨在帮助工业机器人编程、校准和测试
EN ISO 9283 Manipulating industrial robots, performance criteria, and related test methods （《操纵工业机器人、性能标准和相关试验方法》）	此标准的目的是促进用户和制造商之间对工业机器人和工业机器人系统之间的理解。定义了重要的性能特征，描述了他们如何规定，建议应该如何测试
EN ISO 14644-1i Classification of air cleanliness（《洁净室和相关的控制环境、空气清洁度的分级》）	空气清洁洁净室及相关受控环境包括了空气粒子浓度方面。基于阈值大小范围从 0（下限）、1～5μm 的粒子种群有累积分布被认为是分类等级的情况。不能用于描述物理、化学、放射性或空气粒子的性质
EN ISO 13732-1 Ergonomics of the thermal environment - Part 1 （《热环境工效学—— 人体接触表面产生反应的评估方法 第 1 部分：灼热表面》）	提供了燃烧温度阈值的规定，用于描述发生在人类皮肤接触热固体表面的情况，还描述了燃烧的风险评估方法，当人类无保护的皮肤可能接触的热表面；为热表面指定温度极限值。这样的温度极限值可以指定在特定的产品标准或规定，以防止人体维持燃烧时的热表面接触产品
EN IEC 61000-6-4（选项 129-1）EMC Generic emission （《电磁兼容性 EMC 第 6-4 部分：通用标准工业环境的抗扰度》）	此标准 IEC 61000-6-4 与抗扰要求有关，直接从厂家到人员到相邻的对象对电气和电子设备受到静电放电提供测试方法。它另外定义了在不同环境和安装条件下的不同测试水平，并建立测试程序。目标是建立一个共同的和可再生的基础评估性能的电气和电子设备，定义典型放电电流的波形、范围的测试水平、测试设备、测试环境、测试程序、校准过程和测量的不确定性
EN IEC 61000-6-2 EMC, Generic immunity （《电磁兼容性 EMC 第 6-2 部分：通用标准工业环境的抗扰度》）	本标准生效日期印在封面上，但可以在使用之日起自动分配。用户注意：部分的出版物已经从以前的版本进行改变。在某些情况下，变化是显著的，而在其他情况下的变化反映了小部分的编辑调整。定义了在工业使用环境中，EMC 电磁兼容性问题，标准工业环境中的抗扰度频率范围为 0～400GHz。是在所有情况下考虑人员安全，遵守现有的法规，防止环境污染水体
EN IEC 60974-1ii Arc welding equipment Part 1: Welding power sources （《电弧焊设备 第 1 部分：焊接电源》）	定义了安全性和性能要求的焊接电源与等离子切割系统

（续）

标准号及名称	简　介
EN IEC 60974-10ii Arc welding equipment Part 10: EMC requirements（《弧焊设备　第10部分：电磁兼容性要求》）	根据IEC对"电磁兼容"的定义，电磁兼容包含了两层含义：①电磁骚扰发射要限制在一定水平内；②设备本身要有相应的抗干扰能力。作为具体的产品标准，弧焊设备电磁兼容性"要求"也体现了这两方面的内容，一个是"发射"要求，一个是"抗扰度"要求
EN IEC 60204-1 Safety of machinery Electrical equipment of machines - Part1 General requirements（《机械安全　机械电气设备　第1部分》）	为取得CE标志，须依指令的规定做好机械本体安全和技术档。而机器在电气系统方面应符合本标准的规定来做电器安全设计；此标准提供了关于机器电动机设备的要求与建议，以提高人员财产的安全及控制反应的持续性和容易维修。在本标准的要求下，制造商应随着电气设备的难易程度，提供不同的数据
IEC 60529　Degrees of protection provided by enclosures (IP code)（《外壳防护等级》）	本标准适用于额定电压不超过72.5 kV，借助外壳防护的电气设备的防护分级。本标准的目的如下： 1）规定电气设备下述内容的外壳防护等级 a）防止人体接近壳内危险部件 b）防止固体异物进入壳内设备 c）防止由于水进入壳内对设备造成有害影响 2）防护等级的标识 3）各防护等级的要求 4）按本标准的要求对外壳做验证试验 各类产品引用外壳防护等级的程度和方式，以及采用何种外壳，留待产品标准决定，对具体的防护等级所采用的试验应符合本标准的规定，必要时，在有关产品标准中可增加补充要求
EN 614-1 Safety of machinery Ergonomic design principles Part 1:Terminology and general principles（《机械的安全性　人类工效学设计原则　第1部分》）	建立过程应遵循人体工程学原理设计，它适用于技术人员和机器之间的交互，如安装、操作、调整、维护、清洗、拆卸、维修或运输设备期间，并概述了应遵循的健康、安全准则
EN 574 Safety of machinery - Two-hand control devices - Functional aspects - Principles for design（《机械的安全性　双柄控制装置　功能特性设计原理》）	指定双手控制装置的主要特点为实现安全性和功能特征的三种类型组合
EN 953 Safety of machinery - General requirements for the design and construction of fixed and movable guards（《机械安全性　保护装置　固定和可移动保护装置的设计和制造》）	此标准指定要求为设备的设计和施工提供保护，使个人安全免受机械危害。也给出指导使接触机械的危害降到最低。不包含防卫装置开动联锁设备。要求给出固定和可移动的防护装置
ANSI/RIA R15.06 Safety requirements for industrial robots and robot systems（《工业机器人和机器人系统安全性要求》）	为工业机器人制造、再制造和重建提供要求；工业机器人系统集成/安装；和方法相关的维护，提高人员对工业机器人和工业机器人系统的安全使用。对任何现有系统的改造进一步审查，限制了其潜在的要求，修正了控制可靠的电路的描述，整理并增进了对几个条款的了解
ANSI/UL 1740（选项429-1）Safety standard for robots and robotic equipment（《工业机器人和自动化设备的安全标准》）	新的UL 1740（三）版包括以下变化： 1）要求操作后未能完成预定动作/锁定转子异常测试 2）当设备异常需停止工作并提醒异常事件 3）提供轻松解锁意味在工作空间内退出 4）要求制造商提供程序服务和维护手册 5）要求制动在不使用一个关键或特殊工具时随时可以释放的机制，等等
CAN/CSA Z 434-03（选项429-1）Industrial robots and robot Systems - General safety requirements（《工业机器人和机器人系统——通用安全要求》）	这是第3版CAN/CSA-Z434工业机器人和机器人系统的安全要求。这个标准由加拿大CSA技术委员会采用的工业机器人和机器人系统管辖，CSA战略转向职业健康安全委员会，并由技术委员会正式批准。这个标准已被批准为加拿大国家标准委员会标准

任务1-4　工业机器人安全作业的关键事项

工作任务

➢ 理解轴电动机制动闸的安全事项
➢ 掌握消除人体静电的方法。
➢ 防止作业被灼伤的方法。

1. 轴电动机制动闸的安全事项

　　工业机器人本体各轴都非常重，每一个轴电动机都会配置制动闸，用于在工业机器人本体非运行状态时对轴电动机进行制动。如果没有连接制动闸、连接错误、制动闸损坏或任何故障导致制动闸无法使用，都会产生危险。如图1-1所示。

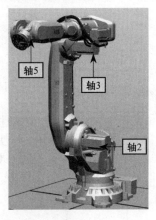

图　1-1

◇　轴2、轴3和轴5的制动闸出问题的话，很容易造成对应轴臂的跌落运动。
◇　应该对所有轴的制动闸性能进行检查。
◇　工业机器人在静止时，如果发生轴非正常的跌落，应该马上停止使用进行检修。

2. 控制柜的带电情况说明

　　即使在主开关关闭的情况下，工业机器人控制柜里的部分器件都是一直带电的，并且会造成人身的伤害，请注意。如图1-2～图1-4所示。

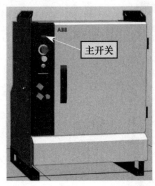

图　1-2

◇　即使在主开关关闭的情况下，工业机器人控制柜里的部分器件都是一直带电的。

11

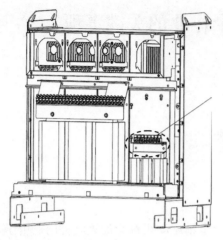

图　1-3

◇　打开工业机器人控制器背面的护盖，就可以看到右下侧的变压器端子。
◇　变压器端子带电，即使在主电源开关关闭时也带电。
◇　在检修时要格外注意。

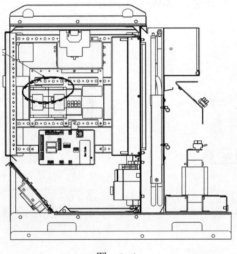

图　1-4

◇　打开工业机器人控制器门，就可以看到左侧电动机的 ON 端子。
◇　电动机的ON端子带电，即使在主电源开关关闭时也带电。
◇　在检修时要格外注意。

所以在进行这些部分的检修时，请按照以下步骤进行操作：

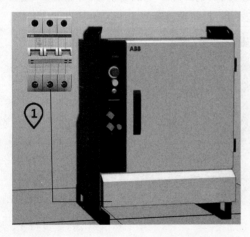

①　关闭控制柜上一级的断路器。

② 使用万用表检验各个裸露端子,确保所有端子之间没有带电。

3. 消除人体静电,防止对工业机器人电器原件的损坏

ESD（静电放电）是电势不同的两个物体间的静电传导,它可以通过直接接触传导,也可以通过感应电场传导。搬运部件或其容器时,未接地的人员可能会传导大量的静电荷。这一放电过程可能会损坏灵敏的电子装置。

在天气干燥寒冷的时候,人体特别容易积累静电。这个时候如果进行工业机器人本体与控制柜的检修工作的话,就会导致人体与电器元件发生 ESD。

一般地,要进行以下两种的操作先消除身上的静电。

① 用手去接触这种触摸式静电消除器,去除人体的静电。

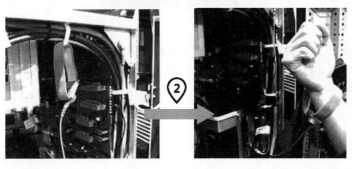

② 将控制柜上的静电手环套在手上再进行检修。

4. 应注意发热部件可能会造成的灼伤

在正常运行期间,许多工业机器人部件都会发热,尤其是驱动电动机和齿轮箱。触摸它们可能会造成不同程度的灼伤。环境温度越高,工业机器人的表面越容易变热,从而可

能造成灼伤。在控制柜中，驱动部件的温度可能会很高。采取的措施见图1-5。

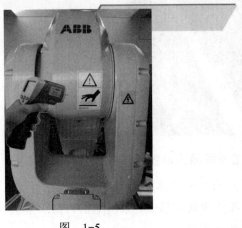

图 1-5

◇ 在实际触摸之前，务必使用测温工具对组件进行温度检测确认。

◇ 如果拆卸可能会发热的组件，请等到它冷却，或者采用其他方式处理。

学 习 测 评

要　　求	自 我 评 价			备　　注
	掌握	知道	再学	
清楚安全生产的重要性				
认识和理解安全标志与操作提示				
了解工业机器人适用的工业标准				
工业机器人安全作业的关键事项				

练 习 题

1．"安全第一，预防为主"的含义是什么？

2．请画出"警告""电击"的标志符号。

3．请列出5个ABB工业机器人执行的工业标准号及说明。

4．请说一下轴电动机制动闸如果失效所带来的危害及预防检修方法。

5．如何消除人体的静电？

任务 2　准备工业机器人的工具

任务目标

➤ 认识工业机器人控制柜维护所需工具
➤ 认识工业机器人本体维护所需工具

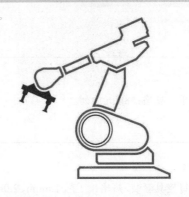

任务 2-1　工业机器人控制柜维护用的工具

工作任务

➤ 认识工业机器人控制柜维护所需要的工具清单
➤ 了解工具的购买渠道

除了常规电工常备的工具及仪表以外，表 2-1 中的工具是在对工业机器人控制柜进行维护时一定会用到的，在开始进行控制柜维护作业前要准备好对应的工具。

表　2-1

工具名称及规格	图　　示
星形螺钉旋具，规格：T×10，T×25	
一字螺钉旋具，规格：4mm	

（续）

工具名称及规格	图　　示
一字螺钉旋具，规格：8mm，12mm	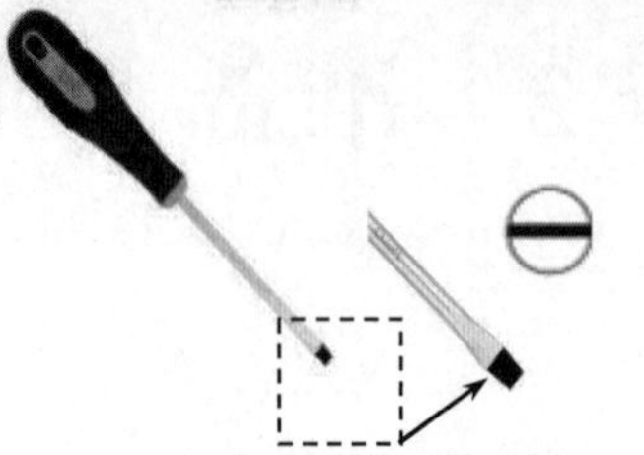
套筒扳手，规格：8mm 系列	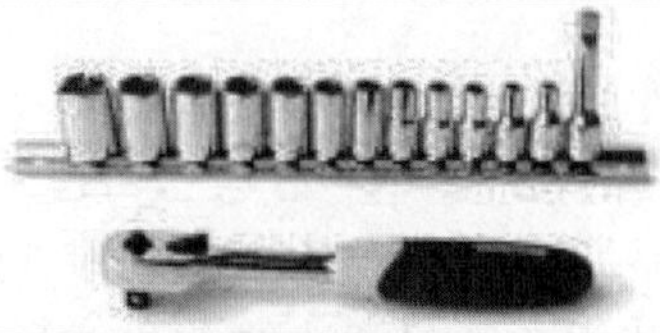
小型螺钉旋具套装，规格：一字，1.6mm、2.0mm、2.5mm、3.0mm；十字，PH0、PH1	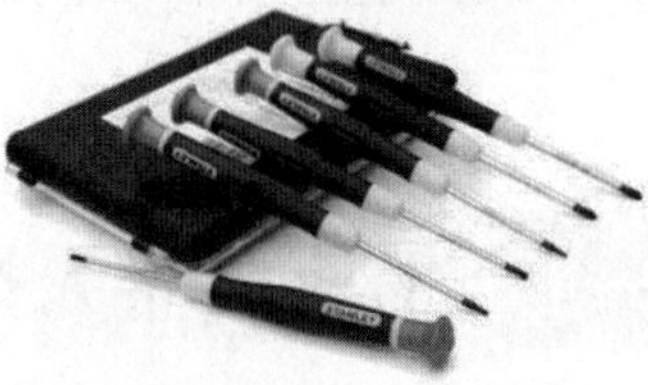

如果需要了解更多关于工具的购买详情，请用微信扫描本书的封面二维码进行了解。

任务 2-2　工业机器人本体维护用的工具

工作任务

➢　认识工业机器人本体维护所需要的工具清单

➢　了解工具的购买渠道

除了常规电工常备的工具及仪表以外，表 2-2 中的工具是在对工业机器人本体进行维护时一定会用到的，在开始进行控制柜维护作业前要准备好对应的工具。

表　2-2

工具名称及规格	图　　示
内六角加长球头扳手，规格：9 件，包括 1.5mm、2 mm、2.5mm、3 mm、4 mm、5 mm、6 mm、8 mm、10mm	

（续）

工具名称及规格	图　示
星形加长扳手，规格：9 件，包括 T10、T15、T20、T25、T27、T30、T40、T45、T50	
扭矩扳手，规格：0～60N·m，1/2 的棘轮头	
塑料槌，规格：25mm、30mm	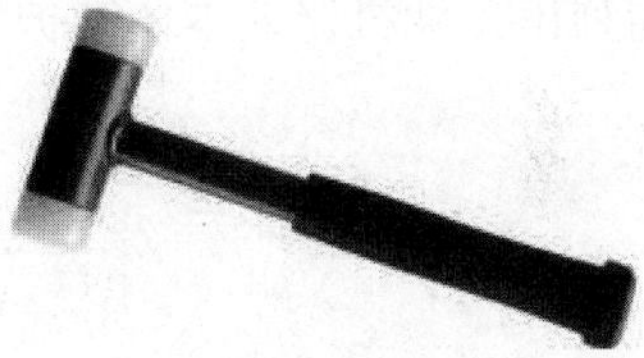
小剪钳，规格：5in[①]	
带球头的 T 型手柄规格：3mm、4mm、5mm、6mm、8mm、10mm	
尖嘴钳，规格：6in[①]	

① 1in=0.0254m。

如果需要了解更多关于工具的购买详情，请用微信扫描本书的封面二维码进行了解。

学 习 测 评

要　求	自 我 评 价			备　注
	掌握	知道	再学	
认识工业机器人控制柜维护用的工具				
认识工业机器人本体维护用的工具				

练 习 题

1．请列出工业机器人控制柜维护用的工具
2．请列出工业机器人本体维护用的工具

任务 3　工业机器人控制柜故障诊断与维护

任务目标

➢ 掌握工业机器人标准型控制柜的构成
➢ 掌握工业机器人紧凑型控制柜的构成
➢ 掌握工业机器人标准型控制柜的周期维护
➢ 掌握工业机器人紧凑型控制柜的周期维护
➢ 掌握控制柜故障的诊断技巧
➢ 掌握控制柜常见故障诊断方法
➢ 掌握控制柜故障代码的查阅技巧
➢ 掌握控制柜电路图解读的技巧
➢ 掌握机器人本体电路图解读的技巧

任务 3-1　工业机器人控制柜的构成

工作任务

➢ 掌握工业机器人标准型控制柜内的模块构成
➢ 掌握工业机器人紧凑型控制柜内的模块构成

　　工业机器人控制柜是工业机器人的控制中枢。一般地，ABB 中大型工业机器人（10kg 以上）使用标准控制柜，小型机器人（10kg 及以下）可以使用紧凑型控制柜。标准型控制柜的防护等级为 IP54，而紧凑型控制柜的防护等级为 IP30，所以有时候会根据使用现场环境防护等级的要求选择标准型或紧凑型控制柜。

　　在本任务中，我们将标准型和紧凑型控制柜的模块构成进行详细说明，为后面模块的故障诊断与排除打好基础。

1. ABB 工业机器人标准型控制柜的构成

ABB 工业机器人标准型控制柜的构成如图 3-1 所示。

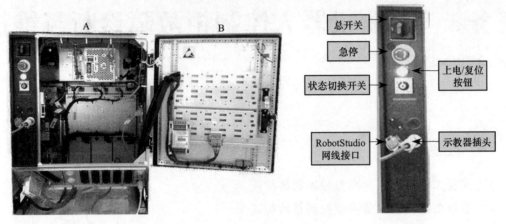

图　3-1

A—控制柜内的主要模块包含了变压器、主计算机、轴计算机、驱动单元和串行测量单元
B—控制柜门上挂载 ABB 标准 I/O 板、用户 DC 24V 电源以及第三方的 I/O 模块和中间继电器

标准型控制柜的接线如图 3-2 所示。

图　3-2

控制柜内的模块分布情况如图 3-3 所示。

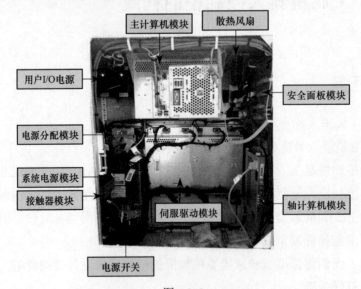

图　3-3

控制柜门上的模块如图 3-4 所示。

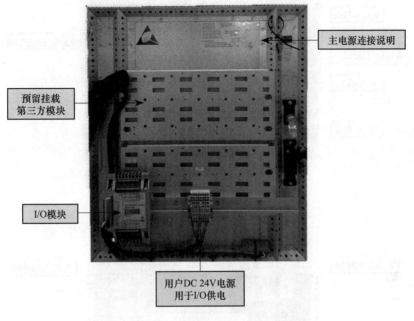

图　3-4

从控制柜的背面卸下防护盖，看到图 3-5 所示的散热风扇与变压器。在拆下防护盖时，要先断开主电源。

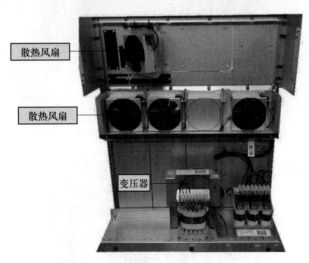

图　3-5

2. ABB 工业机器人紧凑型控制柜的构成

我们先来看看紧凑型控制柜正面的插头、按钮和开关，如图 3-6 所示。

打开控制柜上方的盖子，查看内部的模块，如图 3-7 所示。

从左侧打开盖子，查看内部的模块，如图 3-8 所示。

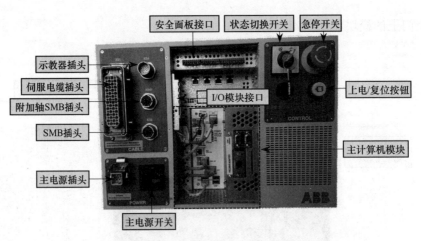

图　3-6

图　3-7

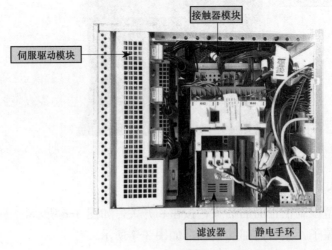

图　3-8

从右侧打开盖子，查看内部的模块，如图 3-9 所示。

从后面打开盖子，查看内部的模块，如图 3-10 所示。

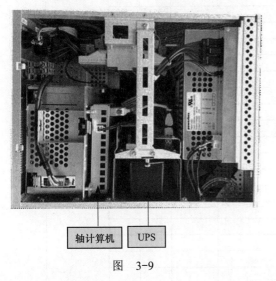

图　3-9

图　3-10

任务 3-2　工业机器人标准型控制柜的周期维护

工作任务

➤ 制订工业机器人标准型控制柜 IRC5 的维护点检计划

➤ 对工业机器人标准型控制柜 IRC5 实施维护点检计划

1. 维护计划

必须对工业机器人标准型控制柜 IRC5 进行定期维护以确保其功能正常。不可预测的情形下出现异常也要对控制柜进行检查。

设备点检是一种科学的设备管理方法，它是利用人的五官或简单的仪器工具，对设备进行定点、定期的检查，对照标准发现设备的异常现象和隐患，掌握设备故障的初期信息，以便及时采取对策，将故障消灭在萌芽阶段的一种管理方法。

接下来针对工业机器人标准型控制柜 IRC5 制订日点检表及定期点检表，见表 3-1和表 3-2。

工业机器人标准型控制柜 IRC5 日点检表及定期点检表说明如下：

1）表 3-1、表 3-2 中列出的是与工业机器人标准型控制柜 IRC5 直接相关的点检项目。

2）工业机器人标准型控制柜 IRC5 是与工业机器人本体配合使用的，所以控制柜的点检要配合工业机器人本体的点检一起进行。

表 3-1

标准型控制柜 IRC5 日点检表

年___月___

类别	编号	检查项目	要求标准	方法	1	2	3	4	5	6	7	8	9	10	11	12	13	14	15	16	17	18	19	20	21	22	23	24	25	26	27	28	29	30	31
日点检	1	控制柜清洁，四周无杂物	无灰尘异物	擦拭																															
	2	保持通风良好	清洁无污染	看																															
	3	示教器功能是否正常	显示正常	看																															
	4	控制器运行是否正常	正常控制工业机器人	看																															
	5	检查安全防护装置是否运作正常，急停按钮是否正常等	安全装置运作正常	测试																															
	6	检查按钮/开关功能	功能正常	测试																															
	7																																	
	确认人签字																																	
备注	日点检要求每日开工前进行。设备点检、维护正常画"√"；使用异常画"△"；设备未运行画"/"。																																	

表　3-2

标准型控制柜 IRC5 定期点检表　　　　　　　＿＿＿＿＿年

类别	编号	检查项目	1	2	3	4	5	6	7	8	9	10	11	12
定期①点检	1	清洁示教器												
		确认人签字												
每 6 个月	2	散热风扇的检查												
		确认人签字												
每 12 个月	3	清洁散热风扇												
	4	清洁控制器内部												
	5	检查上电接触器 K42 K43												
	6	检查刹车接触器 K44												
	7	检查安全回路												
		确认人签字												
备注	①"定期"意味着要定期执行相关活动，但实际的间隔可以不遵守工业机器人制造商的规定。此间隔取决于工业机器人的操作周期、工作环境和运动模式。通常来说，环境的污染越严重，运动模式越苛刻（电缆线束弯曲越厉害），检查间隔也越短。 设备点检、维护正常画"√"；使用异常画"△"；设备未运行画"/"。													

2. 日点检项目维护实施

➡ **日点检项目 1：控制柜清洁，四周无杂物。**

在控制柜的周边要保留足够的空间与位置，以便于操作与维护，如图 3-11 所示。

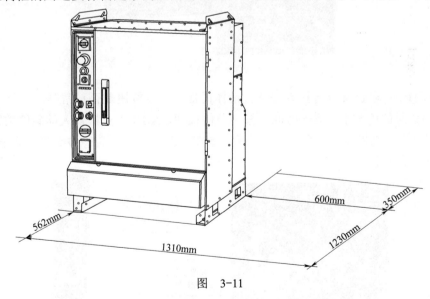

562mm　　600mm　　350mm　　1230mm　　1310mm

图　3-11

如果不能达到要求的话，要及时做出整改。

➡ **日点检项目 2：保持通风良好。**

对于电气元件来说，保持一个合适的工作温度是相当重要的。如果使用环境的温度过高，会触发工业机器人本身的保护机制而报警。如果不处理，持续长时间高温运行就会损坏工业机器人电气相关的模块与元件。

➷ 日点检项目 3：示教器功能是否正常。

每天在开始操作之前，一定要先检查好示教器（图 3-12）的所有功能是否正常，否则可能会因为误操作而造成人身的安全事故。

对象	检查
触摸屏幕	显示正常，触摸对象无漂移
按钮	功能正常
摇杆	功能正常

图　3-12

➷ 日点检项目 4：控制器运行是否正常。

控制器正常上电后，示教器上无报警。控制器背面的散热风扇运行正常，如图 3-13 所示。

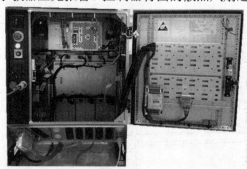

图　3-13

➷ 日点检项目 5：检查安全防护装置是否运作正常，急停按钮是否正常等。

在遇到紧急的情况下，第一时间应按下急停按钮。ABB 工业机器人的急停按钮有两个标配，分别位于控制柜及示教器上。可以手动或在自动状态下对急停按钮进行测试并复位，确认功能正常，如图 3-14 所示。

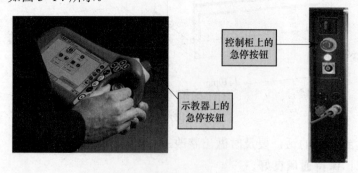

控制柜上的
急停按钮

示教器上的
急停按钮

图　3-14

如果使用安全面板模块上的安全保护机制 AS GS SS ES 侧对应的安全保护功能，那么也要进行测试，如图 3-15 所示。

① 如果安全面板模块上的安全保护机制接线端子未被使用就会短接起来，如图中所示。

主要接线原理请参考机械工业机器人出版的《工业机器人实操与应用技巧 第 2 版》中的详细说明。

图　3-15

➥ **日点检项目 6：检查按钮/开关功能。**

工业机器人在实际工作中必然会使用周边的配套设备，一样要使用按钮/开关实现功能的使用。所以在开始作业之前，就要进行包括工业机器人本身与周边设备的按钮/开关的检查与确认。

3. 定期点检项目维护实施

➥ **定期点检项目 1：清洁示教器（每 1 个月）。**

根据使用说明书的要求，ABB 工业机器人示教器要求最起码每个月清洁一次。一般地，使用纯棉拧干的湿毛巾（防静电）进行擦拭。必要时也能使用稀释的中性清洁剂。如图 3-16 所示。

图　3-16

➥ **定期点检项目 2：散热风扇的检查（每 6 个月）。**

在开始检查作业之前，请关闭工业机器人的主电源。具体操作步骤如下：

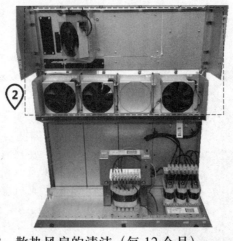

① 关闭控制器主电源。

② 从控制柜背面拆下外壳，会看到控制柜的散热风扇。

1）检查叶片是否完整和破损，必要时更换。

2）清洁叶片上的灰尘。

↘ **定期点检项目 3：散热风扇的清洁（每 12 个月）**

在开始清洁作业之前，请关闭工业机器人的主电源。具体操作步骤如下：

① 关闭控制器主电源。

② 使用小清洁刷清扫灰尘并用小托板接住灰尘。

③ 使用手持吸尘器对遗留的灰尘进行吸取。

↘ **定期点检项目 4：控制器内部的清洁（每 12 个月）。**

在开始清洁作业之前，请关闭工业机器人的主电源。操作步骤如下。

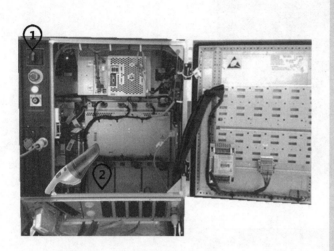

① 关闭控制器主电源。

② 打开控制柜门，使用手持吸尘器对灰尘进行吸取。

➲ 定期点检项目 5：检查上电接触器 K42、K43（每 12 个月）。

操作步骤如下：

① 在手动状态下，按下使能器到中间位置，使工业机器人进入"电机上电"状态。

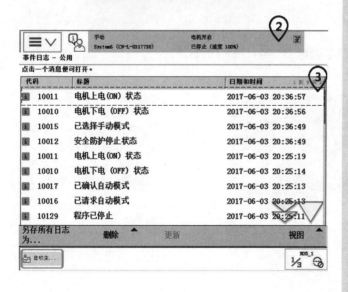

② 单击"状态信息栏"。

③ 出现"10011 电机上电（ON）状态"说明状态正常。

如果出现"37001 电机上电（ON）接触器启动错误"，应重新测试，如果还不能消除，再根据报警提示进行处理。

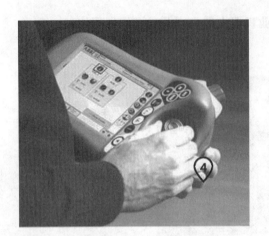

④ 在手动状态下，松开使能器。

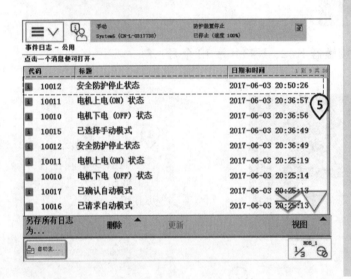

⑤ 出现"10012　安全防护停止状态"说明状态正常。

如果出现"20227 电机接触器，DRV1"，应重新测试，如果还不能消除，再根据报警提示进行处理。

➷ 定期点检项目 6：检查刹车接触器 K44（每 12 个月）。

操作步骤如下：

① 在手动状态下，按下使能器到中间位置，使工业机器人进入"电机上电"状态。

单轴、慢速小范围运动工业机器人。

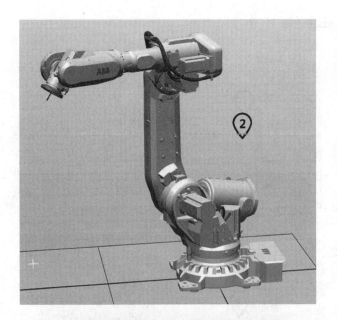

② 细心观察工业机器人的运动是否流畅和有异响。轴1～6分别单独运动进行观察。

　　在测试过程中，如果出现"50056　关节碰撞"，应重新测试，如果还不能消除，再根据报警提示进行处理。

③ 在手动状态下，松开使能器。

④ 出现"10012　安全防护停止状态"说明状态正常。

　　如果出现"37101制动器故障"，应重新测试，如果还不能消除，再根据报警提示进行处理。

↘ 定期点检项目 7：检查安全回路（每 12 个月）

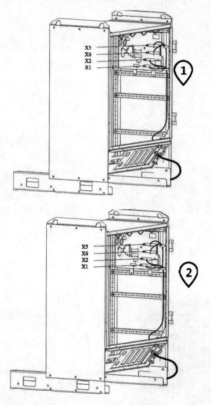

① 安全回路面板上的接线端子 X1、X2、X5、X6 根据实际需要进行接线。

　具体的安全回路面板说明，可查看机械工业出版社出版的《工业机器人实操与应用技巧 第 2 版》。

② 根据实际使用情况，在保证安全的情况下，触发安全信号，检查工业机器人是否有对应的响应。

触发以下的安全信号	示教器将会发生以下的报警信息
Auto stop 自动停止	20205，自动停止已打开
General stop 常规停止	20206，常规停止已打开
Superior stop 上级停止	20215，上级停止已打开

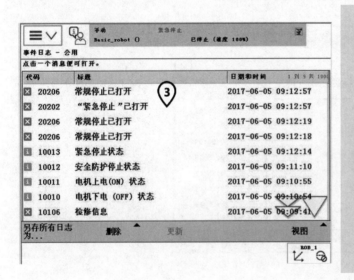

③ 在这里就可以查看到触发的安全信号报警。

④对安全信号进行复位后,对应的报警消失。

任务 3-3　工业机器人紧凑型控制柜的周期维护

工作任务

➤ 制订工业机器人紧凑型控制柜 IRC5 的维护点检计划

➤ 对工业机器人紧凑型控制柜 IRC5 实施维护点检计划

1. 维护计划

必须对工业机器人紧凑型控制柜 IRC5 进行定期维护以确保其功能正常。不可预测的情形下出现异常也要对控制柜进行检查。

设备点检是一种科学的设备管理方法,它是利用人的五官或简单的仪器工具,对设备进行定点、定期的检查,对照标准发现设备的异常现象和隐患,掌握设备故障的初期信息,以便及时采取对策,将故障消灭在萌芽阶段的一种管理方法。

接下来我们针对工业机器人紧凑型控制柜 IRC5 制订日点检表及定期点检表,见表 3-3和表 3-4。

工业机器人紧凑型控制柜 IRC5 日点检表及定期点检表说明如下:

1)表 3-3、表 3-4 中列出的是与工业机器人紧凑型控制柜 IRC5 直接相关的点检项目。

2)工业机器人紧凑型控制柜 IRC5 是与工业机器人本体配合使用的,所以控制柜的点检要配合工业机器人本体的点检一起进行。

表 3-3　紧凑型控制柜 IRC5 日点检表

年＿＿月

类别	编号	检查项目	要求标准	方法	1	2	3	4	5	6	7	8	9	10	11	12	13	14	15	16	17	18	19	20	21	22	23	24	25	26	27	28	29	30	31
日点检	1	控制柜清洁，四周无杂物	无灰尘异物	擦拭																															
	2	保持通风良好	清洁无污染	看																															
	3	示教器功能是否正常	显示正常	看																															
	4	控制器运行是否正常	正常控制工业机器人	看																															
	5	检查安全防护装置是否运作正常，急停按钮是否正常等	安全装置运作正常	测试																															
	6	检查按钮/开关功能	功能正常	测试																															
	7																																		
确认人签字																																			
备注		日点检要求每日开工前进行。 设备点检、维护正常画"√"；使用异常画"△"；设备未运行画"/"。																																	

表　3-4

紧凑型控制柜 IRC5 定期点检表 ＿＿＿年

类别	编号	检查项目	1	2	3	4	5	6	7	8	9	10	11	12
定期[①]点检	1	清洁示教器												
		确认人签字												
每 6 个月	2	散热风扇的检查												
		确认人签字												
每 12 个月	3	清洁散热风扇												
	4	检查上电接触器 K42、K43												
	5	检查刹车接触器 K44												
	6	检查安全回路												
	7													
		确认人签字												
备注	①"定期"意味着要定期执行相关活动，但实际的间隔可以不遵守工业机器人制造商的规定。此间隔取决于工业机器人的操作周期、工作环境和运动模式。通常来说，环境的污染越严重，运动模式越苛刻（电缆线束弯曲越厉害），检查间隔也越短。 设备点检、维护正常画"√"；使用异常画"△"；设备未运行画"/"。													

2. 日点检项目维护实施

➦ 日点检项目 1：控制柜清洁，四周无杂物。

在控制柜的周边要保留足够的空间与位置，以便于操作与维护，如图 3-17 所示。

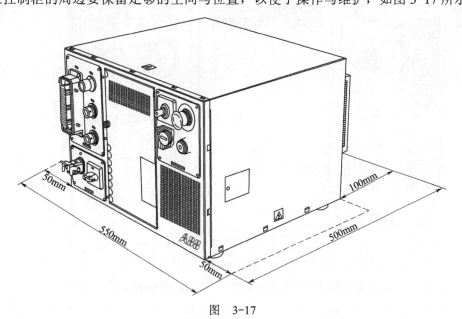

图　3-17

如果不能达到要求的话，要及时做出整改。

⤵ **日点检项目 2：保持通风良好。**

对于电气元件来说，保持一个合适的工作温度是相当重要的。如果使用环境的温度过高，会触发工业机器人本身的保护机制而报警。如果不处理，持续长时间的高温运行的话就会损坏机器人的电气相关的模块与元件了。

⤵ **日点检项目 3：示教器功能是否正常。**

每天在开始操作之前，一定要先检查好示教器（图 3-18）的所有功能是否正常，否则可能会因为误操作而造成人身的安全事故。

对象	检查
触摸屏幕	显示正常，触摸对象无漂移
按钮	功能正常
摇杆	功能正常

图 3-18

⤵ **日点检项目 4：控制器运行是否正常。**

控制器正常上电后，示教器上无报警。控制器背面的散热风扇运行正常，如图 3-19 所示。

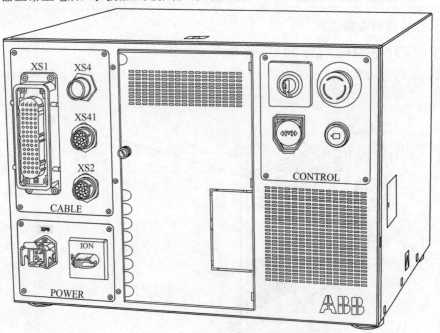

图 3-19

⤵ **日点检项目 5：检查安全防护装置是否运作正常，急停按钮是否正常等。**

在遇到紧急的情况下，第一时间应按下急停按钮。ABB 工业机器人的急停按钮有两个标配，分别位于控制柜及示教器上。可以手动或与自动状态下对急停按钮进行测试并复位，确认功能正常，如图 3-20 所示。

如果使用安全面板模块上的安全保护机制 AS GS SS ES 侧对应的安全保护功能，那么也要进行测试，如图 3-21 所示。

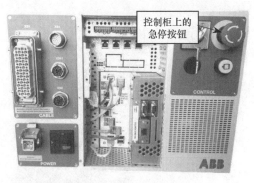

控制柜上的
急停按钮

示教器上的
急停按钮

图　3-20

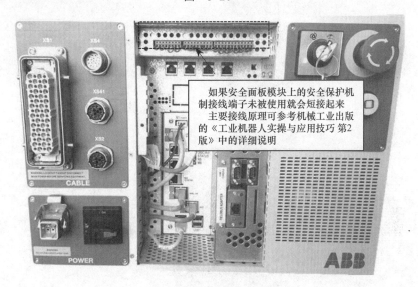

如果安全面板模块上的安全保护机
制接线端子未被使用就会短接起来
主要接线原理可参考机械工业出版
的《工业机器人实操与应用技巧 第2
版》中的详细说明

图　3-21

❯ 日点检项目 6：检查按钮/开关功能。

工业机器人在实际工作中必然会使用周边的配套设备，一样要使用按钮/开关实现功能的使用。所以在开始作业之前，就要进行包括工业机器人本身与周边设备的按钮/开关的检查与确认。

3．定期点检项目维护实施

❯ 定期点检项目 1：清洁示教器（每 1 个月）。

根据使用说明书的要求，ABB 工业机器人示教器要求最起码每个月清洁一次。一般地，使用纯棉拧干的湿毛巾（防静电）进行擦拭。必要时，也能使用稀释的

图　3-22

中性清洁剂。如图 3-22 所示。

↳ **定期点检项目 2：散热风扇的检查（每 6 个月）。**

在开始检查作业之前，请关闭工业机器人的主电源。具体操作步骤如下：

① 关闭控制器主电源。

② 卸下紧凑控制器背面散热风扇保护罩。

③ 从控制器背面拆下保护罩，会看到控制器散热风扇和制动电阻：

1）查看制动电阻是否完整与破损。

2）检查叶片是否完整和破损，必要时更换。

3）清洁叶片上的灰尘。

↘ 定期点检项目 3：散热风扇的清洁（每 12 个月）。

　　在开始清洁作业之前，请关闭工业机器人的主电源。具体操作步骤如下：

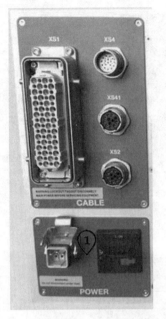

① 关闭控制器主电源。

② 使用小清洁刷清扫灰尘并用小托板接住灰尘。

③ 使用手持吸尘器对遗留的灰尘进行吸取。

➥ **定期点检项目 4：检查上电接触器 K42、K43（每 12 个月）。**

具体操作步骤如下：

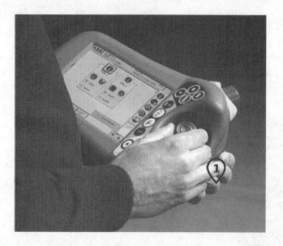

① 在手动状态下，按下使能器到中间位置，使工业机器人进入"电机上电"状态。

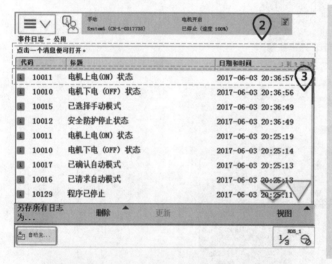

② 单击"状态信息栏"。

③ 出现"10011 电机上电（ON）状态"说明状态正常。

④ 在手动状态下，松开使能器。

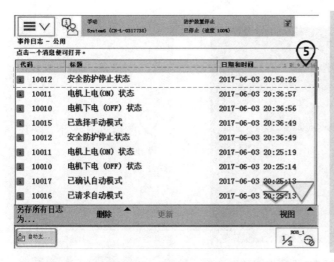

⑤ 出现"10012 安全防护停止状态"说明状态正常。

如果出现"20227 电机接触器，DRV1"，应重新测试，如果还不能消除，再根据报警提示进行处理。

➥ 定期点检项目 5：检查刹车接触器 K44（每 12 个月）。

具体操作步骤如下：

① 在手动状态下，按下使能器到中间位置，使工业机器人进入"电机上电"状态。

单轴、慢速小范围运动工业机器人。

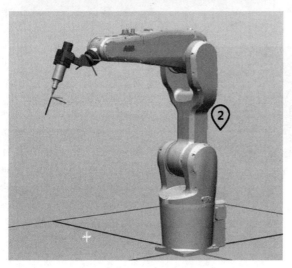

② 细心观察工业机器人的运动，是否流畅和有异响。轴 1～6 分别单独运动进行观察。

在测试过程中，如果出现"50056 关节碰撞"，应重新测试，如果还不能消除，再根据报警提示进行处理。

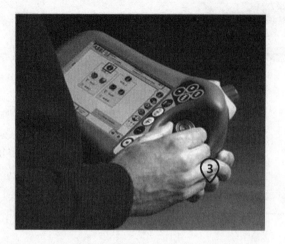

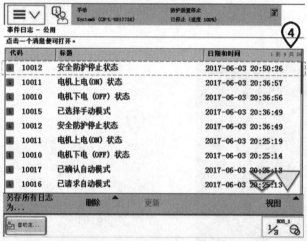

③ 在手动状态下，松开使能器。

④ 出现"10012 安全防护停止状态"说明状态正常。

如果出现"37101 制动器故障"，应重新测试，如果还不能消除，再根据报警提示进行处理。

➥ 定期点检项目 6：检查安全回路（每 12 个月）。

具体操作步骤如下：

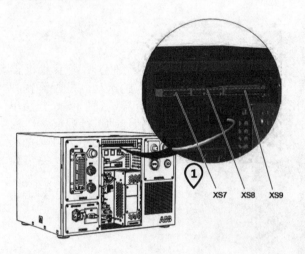

① 安全回路面板上的接线端子 XS7、XS8、XS9 根据实际需要进行接线。

具体的安全回路面板说明，可查看机械工业出版社出版的《工业机器人实操与应用技巧第 2 版》。

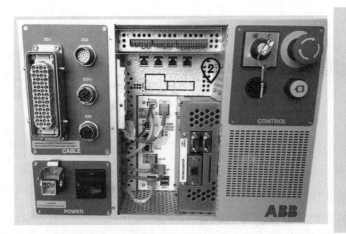

② 根据实际使用情况，在保证安全的情况下触发安全信号，检查工业机器人是否有对应的响应。

触发以下的安全信号	示教器将会发生以下的报警信息
Auto stop 自动停止	20205，自动停止已打开
General stop 常规停止	20206，常规停止已打开

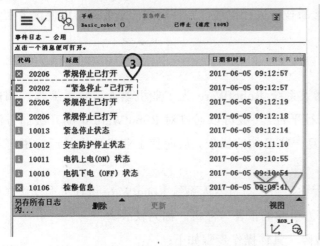

③ 在这里就可以查看到触发的安全信号报警。

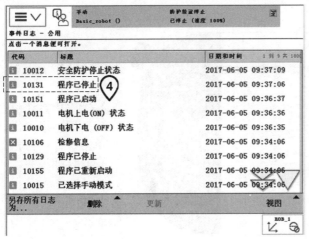

④ 对安全信号进行复位后，对应的报警消失。

任务 3-4 控制柜故障的诊断技巧

工作任务

➤ 掌握工业机器人控制柜软故障的检查方法

➤ 故障诊断时对工业机器人周边观察的检查方法

➤ 理解"一次只更换一个元件"的操作方法

当工业机器人控制柜发生故障报警后，如何快速准确地定位故障并给出诊断结果，这是摆在机器人工程师面前的难题。

在本任务中，将控制柜故障诊断技巧进行梳理，并整理成一个套路，以便读者在实际工作中有的放矢。

1. 控制柜软故障的检查

ABB 工业机器人运行的机器人系统 RobotWare 为工业机器人运行、编程、调试和功能设定与开发提供一个软件运行平台。一般可以通过对 RobotWare 定期升级的方法来增加新的功能与特性，同时可修复一些已知的错误，从而使工业机器人的运行更可靠和有效率。

在工业机器人正常运行的过程中，由于对机器人系统 RobotWare 进行了误操作（如意外删除系统模块、I/O 设定错乱等）引起的报警与停机，称为软故障。

（1）软故障实战 1——系统故障 具体操作步骤如下：

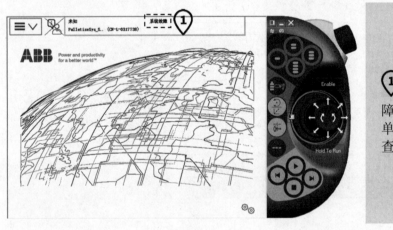

②对报警的信息进行分析，应该与系统输入的设定有关，所以打开系统输入的设置画面进行查看。

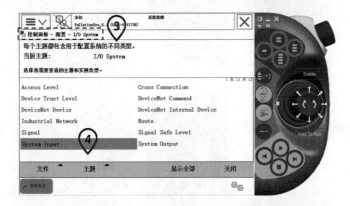

③打开系统输入设置画面的菜单流程路径。

④双击"System Input"打开。

⑤双击"diStart_"打开。

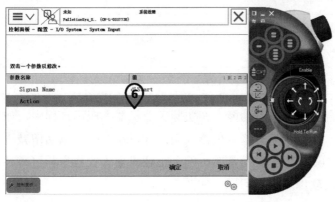

⑥"Action"中必须设定输入信号与系统关联的状态，不能为空，所以出现了对应的故障报警。

在此任务中，工程师想设定一个系统输入信号来实现 PLC 对工业机器人的运行启动控制，但是此设定的参数未被正确设定，要解决这个问题完善相关参数即可。

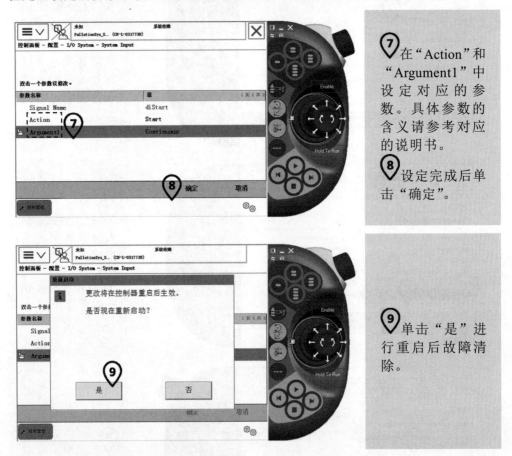

这个故障的处理流程总结见表 3-5。

表 3-5

步　骤	描　　述
1	认真查看报警信息
2	根据报警信息的提示，定位故障的原因
3	修正故障的错误
4	重启系统，确认故障是否已消除

（2）软故障实战 2——合理应用重启功能　在实际工业机器人应用过程中，如果工业机器人运行稳定、功能正常，不建议随意修改机器人系统 RobotWare，包括增减选项与版本升级。只有在当前运行的 RobotWare 有异常并影响到工业机器人的效率与可靠性时，才去考虑升级 RobotWare 来解决软件本身的问题，如图 3-23 所示。

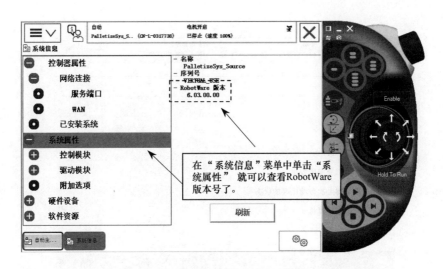

图 3-23

一般可根据从外到里、从软到硬和从简单到复杂的流程进行故障处理。特别是软故障，可以通过重启的方法进行修复。具体操作如下：

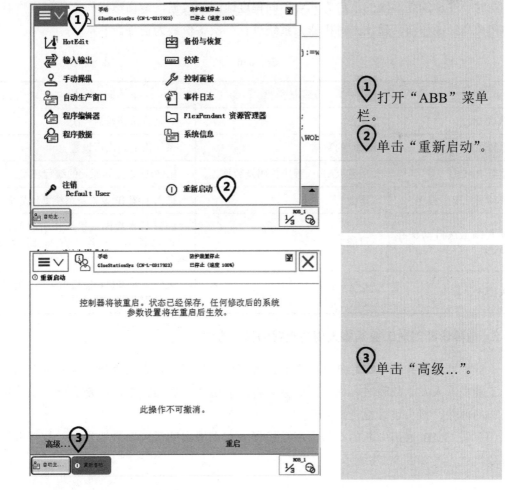

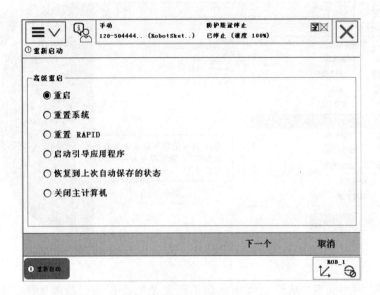

读者可以参考表 3-6 的说明，根据出现的软件故障选择对应的重启方式，尝试修复故障。同时要注意的是不同的重启方式会不同程度地删除数据，请谨慎操作。所以在进行重启的相关高级操作前，建议先对机器人系统进行一次备份最为稳妥。

表 3-6

功　能	消除的数据	说　明
重启	不会	只是将系统重启一次
重置系统	所有的数据	系统恢复到出厂设置
重置 RAPID	所有 RAPID 程序代码及数据	RAPID 恢复到原始的编程环境
启动引导应用程序	不会	进入系统 IP 设置及系统管理界面
恢复到上次自动保存的状态	可能会	如果是本次因为误操作引起的，重启时会调用上一次正常关机保存的数据
关闭主计算机	不会	关闭主计算机，然后再关闭主电源，是较为安全的关机方式

2. 故障诊断时对工业机器人周边观察的检查方法

工业机器人本身的可靠性是非常高的，大部分的故障都是人为操作不当所引起的。所以当工业机器人发生故障时，先不用着急去将工业机器人拆装检查，而是应该对工业机器人周边的部件、接头进行检查。

（1）与 SMB 通信中断的实战　工业机器人一上电启动后，示教器就显示故障报警，一看还挺吓人，如图 3-24 所示。

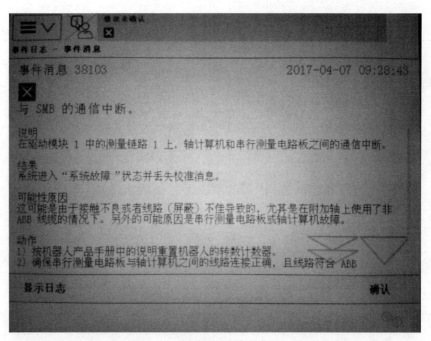

图 3-24

按照事件消息 38103 中对可能性原因进行分析，总结下来可能原因见表 3-7。

表 3-7

原 因	描 述
1	SMB 电缆有问题
2	工业机器人本体里面的串行测量电路板有问题
3	控制柜里面的轴计算机有问题

表 3-7 中的三个方面都可能涉及硬件的更换。这台设备刚刚因为生产工艺的调整进行了搬运和重新布局，那么会不会是因为这个原因造成此次的故障呢？这个时候，先去检查一下这三个方面，主要是对连接的插头和电路板上的状态灯进行查看。具体步骤见表 3-8。

表 3-8

步 骤	描 述
1	检查 SMB 电缆的连接及屏蔽（重点检查）
2	查看工业机器人本体里面的串行测量电路板
3	查看控制柜里面的轴计算机

终于真相大白，造成这个故障的原因就是控制柜端的 SMB 电缆插头松了（图 3-25）。按照表 3-9 的步骤进行处理看看能不能将故障排除。

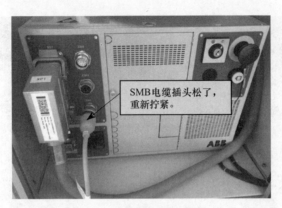

SMB电缆插头松了，重新拧紧。

图 3-25

表 3-9

步　骤	描　述
1	关闭工业机器人总电源
2	将 SMB 电缆插头重新插好并拧紧
3	顺便检查工业机器人本体与控制柜上的所有插头进行正确插好
4	重新上电后，故障报警消失

（2）工业机器人周边观察的一般检查方法　从上面的实例发现，工业机器人故障报警信息所显示的故障只是由于插头松了引起的，并没有信息之中所描述的硬件发生了故障。所以在处理故障时，可以从表 3-10 所示的几个方面先着手，从简单到复杂，从工业机器人外部周边到内部硬件进行故障的查找与分析。

表 3-10

检　查	描　述
1	相关的紧固螺钉是否松动
2	所有电缆的插头是否插好
3	电缆表面是否有破损
4	硬件电路模块是否清洁与潮湿
5	各模块是否正确安装（周期保养后）

3."一次只更换一个元件"的操作方法

继续以 SMB 通信中断这个故障为实例，在排除了插头与电缆的问题后还无法排除故障，就可能真是硬件故障了。具体见表 3-11。

表 3-11

原　因	描　述
1	SMB 电缆有问题
2	工业机器人本体里面的串行测量电路板有问题
3	控制柜里面的轴计算机有问题

这里面涉及两个硬件，一个是工业机器人本体里面的串行测量电路板，另外一个是控

制柜里面的轴计算机。那么到底是哪一个有问题？还是两个都有问题呢？这个时候，建议对硬件进行故障诊断与排除时使用"一次只更换一个元件"的操作方法。硬件的一次只更换一个元件的流程见表 3-12。

表 3-12

步　骤	描　述
1	关闭工业机器人的总电源
2	更换串行测量电路板
3	打开工业机器人的总电源，如果故障还没有排除，则继续进行下面的步骤
4	关闭工业机器人的总电源
5	恢复原来的串行测量电路板
6	更换轴计算机
7	打开工业机器人的总电源。如果故障还没有排除，则继续进行下面的步骤
8	关闭工业机器人的总电源
9	恢复原来的轴计算机
10	至此如果故障还没有排除，那就最好联系厂家进行检修了

在进行更换元件故障排除时，可以使用表 3-13 来记录所做的更换，方便元件的恢复与故障分析。表 3-13 是以上面的故障处理的过程记录作为例子来进行说明的。

表 3-13

编　号	日　期	时　间	部件名称型号	操　作	结　果
1	3 月 6 日	10:00	串行测量电路板备件	安装	故障依旧
2	3 月 6 日	10:34	原串行测量电路板	恢复	
3	3 月 6 日	11:54	轴计算机备件	安装	故障依旧
4	3 月 6 日	12:54	原轴计算机	恢复	

任务 3-5　工业机器人控制柜常见故障的诊断

工作任务

➢ 掌握工业机器人控制柜主计算机模块的故障诊断
➢ 掌握工业机器人控制柜安全面板模块的故障诊断
➢ 掌握工业机器人控制柜驱动单元模块的故障诊断
➢ 掌握工业机器人控制柜轴计算机模块的故障诊断
➢ 掌握工业机器人控制柜系统电源模块的故障诊断
➢ 掌握工业机器人控制柜电源分配模块的故障诊断
➢ 掌握工业机器人控制柜用户 I/O 电源模块的故障诊断

> ➤ 掌握工业机器人控制柜接触器模块的故障诊断
> ➤ 掌握工业机器人控制柜 ABB 标准 I/O 模块的故障诊断

ABB 工业机器人常用的控制柜有标准型的控制柜和紧凑型的控制柜两种，两者大部分的模块都是通用的。所以在本任务中，以标准型控制柜为对象进行学习。在任务 3-1 中可以查看到紧凑型控制柜对应模块的位置。

对控制柜内模块的状态和故障的诊断主要是通过对模块上的 LED 状态指示灯进行状态识别的。

通过本任务的学习可以掌握模块的当前状态与故障，这样就可以有的放矢地进行故障排除。

1. 主计算机模块的故障诊断

主计算机模块就好比工业机器人的大脑，位于控制柜的正上方，如图 3-26 所示。

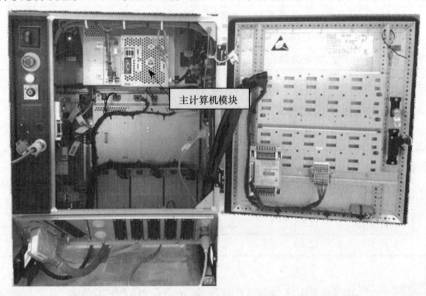

图　3-26

LED 状态指示灯位于主计算机的中央位置，如图 3-27 所示。其状态及含义见表 3-14。

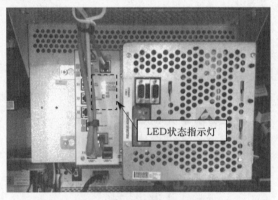

图　3-27

表　3-14

LED 状态指示灯名称	LED 状态指示灯状态	含　义
POWER	熄灭	正常启动时，计算机单元内的 COM 快速模块未启动
	长亮	正常启动完成后
	1～4 下短闪，1s 熄灭	启动期间遇到故障。可能是电源、FPGA 或 COM 快速模块故障
	1～5 下闪烁，20 下快速闪烁	运行时电源故障。可重启控制柜后检查主计算机电源电压
DISC-Act	闪烁	正在读写 SD 卡
STATUS	启动时，红色长亮	正在加载 bootloader
	启动时，红色闪烁	正在加载镜像数据
	启动时，绿色闪烁	正在加载 RobotWare
	启动时，绿色长亮	系统启动完成
	红色长亮或闪烁	检查 SD 卡
	绿色闪烁	查看示教器上的信息提示

2. 安全面板模块的故障诊断

安全面板模块主要负责安全相关信号的处理，位于控制柜的右侧，如图 3-28 所示。

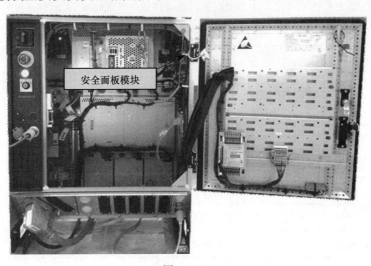

图　3-28

LED 状态指示灯位于安全面板模块的右侧，如图 3-29 所示。其状态及含义见表 3-15。

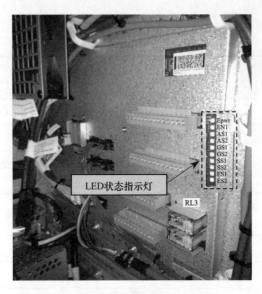

图 3-29

表 3-15

LED 状态指示灯名称	LED 状态指示灯状态	含　义
Epwr	绿色闪烁	串行通信错误，检查与主计算机的通信连接
	绿色长亮	运行正常
	红色闪烁	系统上电自检中
	红色长亮	出现串行通信错误以外的错误
EN1	长亮	信号 ENABLE1=1 且 RS 通信正常
AS1	长亮	自动停止安全链 1 正常
AS2	长亮	自动停止安全链 2 正常
GS1	长亮	常规停止安全链 1 正常
GS2	长亮	常规停止安全链 2 正常
SS1	长亮	上级停止安全链 1 正常
SS2	长亮	上级停止安全链 2 正常
ES1	长亮	紧急停止安全链 1 正常
ES2	长亮	紧急停止安全链 2 正常

3. 驱动单元模块的故障诊断

驱动单元模块用于接收上位机指令，然后驱动工业机器人运动，位于控制柜正面中间的位置，如图 3-30 所示。

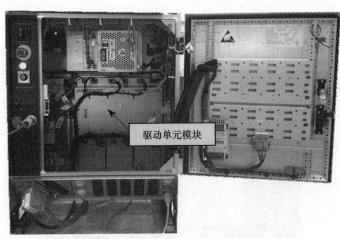

图　3-30

LED 状态指示灯位于驱动单元模块的中心，如图 3-31 所示。其状态及含义见表 3-16。

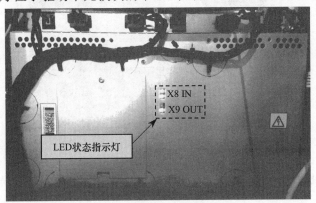

图　3-31

表　3-16

LED 状态指 示灯名称	LED 状态指示 灯状态	含　义
X8 IN	黄灯闪烁	与上位机在以太网通道上进行通信
	黄灯亮	以太网通道已建立连接
	黄灯熄灭	与上位机的以太网通道连接断开
	绿灯熄灭	以太网通道的速率为 10Mbit/s
	绿灯长亮	以太网通道的速率为 100Mbit/s
X9 OUT	黄灯闪烁	与额外驱动单元在以太网通道上进行通信
	黄灯亮	以太网通道已建立连接
	黄灯熄灭	与额外驱动单元的以太网通道连接断开
	绿灯熄灭	以太网通道的速率为 10Mbit/s
	绿灯长亮	以太网通道的速率为 100Mbit/s

4. 轴计算机模块的故障诊断

轴计算机单元模块用于接收主计算机的运动指令和串行测量板（SMB）的工业机器人位置反馈信号，然后发出驱动工业机器人运动的指令给驱动单元模块，位于控制柜右侧的位置，如图 3-32 所示。

图 3-32

LED 状态指示灯位于轴计算机模块的右侧的位置，如图 3-33 所示。其状态及含义见表 3-17。

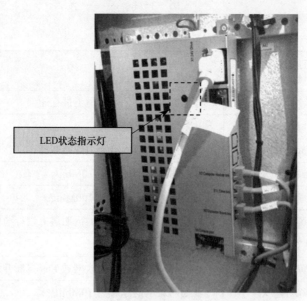

图 3-33

表　3-17

LED 状态指示灯名称	LED 状态指示灯状态	含　义
状态 LED	红色长亮	启动期间，表示正在上电中
		运行期间，轴计算机无法初始化基本的硬件
	红色闪烁	启动期间，建立与主计算机的连接并将程序加载到轴计算机
		运行期间，与主计算机的连接丢失、主计算机启动问题或者 RobotWare 安装问题
	绿色闪烁	启动期间，轴计算机程序启动并连接外围单元
		运行期间，与外围单元的连接丢失或者 RobotWare 启动问题
	绿色长亮	启动期间，即启动过程中
		运行期间，正常运行
	不亮	轴计算机没有电或者内部错误（硬件/固件）

5. 系统电源模块的故障诊断

系统电源模块用于为控制柜里的模块提供直流电源，位于控制柜左下方的位置，如图 3-34 所示。

LED 状态指示灯位于系统电源模块右边的位置，如图 3-35 所示。其状态及含义见表 3-18。

图　3-34

图　3-35

表 3-18

LED 状态指示灯名称	LED 状态指示灯状态	含　义
状态 LED	绿色长亮	正常
	熄灭	直流电源输出异常或输入异常

6. 电源分配模块的故障诊断

电源分配模块用于为控制柜里的模块分配直流电源，位于控制柜左边的位置，如图 3-36 所示。

LED 状态指示灯位于电源分配模块中下方的位置，如图 3-37 所示。其状态及含义见表 3-19。

图　3-36

图　3-37

表 3-19

LED 状态指示灯名称	LED 状态指示灯状态	含　义
状态 LED	绿色长亮	正常
	熄灭	直流电源输出异常或输入异常

7. 用户 I/O 电源模块的故障诊断

用户 I/O 电源模块用于为控制柜里的 I/O 模块提供直流电源，位于控制柜左上方的位置，如图 3-38 所示。

LED 状态指示灯位于用户 I/O 电源模块中间靠上的位置，如图 3-39 所示。其状态及含义见表 3-20。

图　3-38

图　3-39

表　3-20

LED 状态指示灯名称	LED 状态指示灯状态	含　义
状态 LED	绿色长亮	正常
	熄灭	直流电源输出异常或输入异常

8. 接触器模块的故障诊断

接触器模块用于控制工业机器人各轴电动机的上电与控制机制，位于控制柜左侧的位置，如图 3-40 所示。

LED 状态指示灯位于接触器模块右边的位置，如图 3-41 所示。其状态及含义见表 3-21。

图 3-40

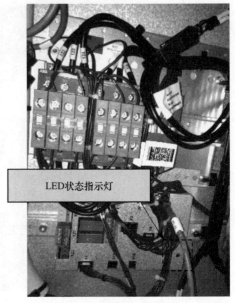

图 3-41

表 3-21

LED 状态指示灯名称	LED 状态指示灯状态	含　义
状态 LED	绿色闪烁	串行通信出错
	绿色长亮	正常
	红色闪烁	正在上电/自检模式中
	红色长亮	出现错误

9. ABB 标准 I/O 模块的故障诊断

ABB 标准 I/O 模块用于工业机器人与外部设备进行通信，位于控制柜门上的位置，如图 3-42 所示（以 DSQC652 进行说明）。

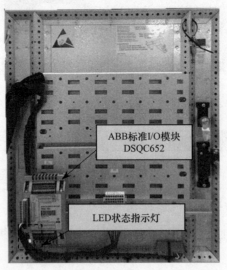

图 3-42

LED 状态指示灯位于 ABB 标准 I/O 模块左下边的位置，如图 3-42 所示。其状态及含义见表 3-22。

表　3-22

LED 状态指示灯名称	LED 状态指示灯状态	含　义
MS	熄灭	无电源输入
	绿色长亮	正常
	绿色闪烁	根据示教器相关的报警信息提示检查系统参数是否有问题
	红色闪烁	可恢复的轻微故障，根据示教器的提示信息进行处理
	红色长亮	出现不可恢复的故障
	红/绿闪烁	自检中
NS	熄灭	无电源输入或未能完成 Duplicate_MAC_ID 的测试
	绿色长亮	正常
	绿色闪烁	模块上线了，但是未能建立与其他模块的连接
	红色闪烁	连接超时，根据示教器的提示信息进行处理
	红色长亮	通信出错，可能原因是 Duplicate MAC_ID 或 Bus_off

任务 3-6　工业机器人故障代码的查阅技巧

工作任务

➢ 了解工业机器人故障代码的类型分类
➢ 掌握工业机器人故障代码的编号规则

工业机器人本身都有完善的监控与保护机制，当工业机器人自身模块发生故障时，就会输出对应的故障代码，方便设备管理人员对故障进行诊断与维修。

本任务就以 ABB 工业机器人为对象，就故障代码的类型分类与编号规则进行学习。

1. 了解 ABB 工业机器人故障代码的类型分类

跟着指引在示教器上进行如下操作。

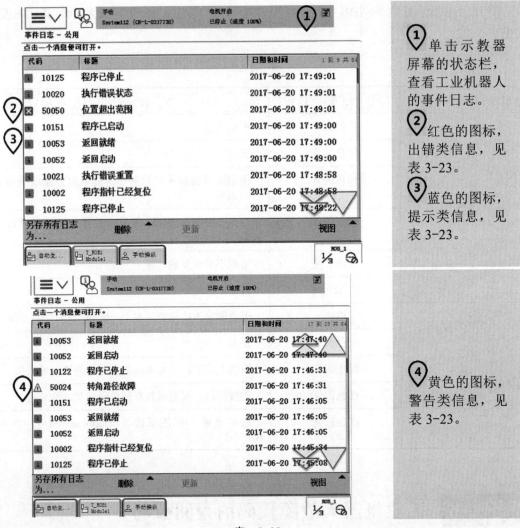

表 3-23

图 标	类 型	描 述
![i]	提示	将提示信息记录到事件日志中，但是并不要求用户进行任何特别操作
![!]	警告	用于提醒用户系统上发生了某些无须纠正的事件，操作会继续。这些消息会保存在事件日志中
![x]	出错	系统出现了严重错误，操作已经停止。需要用户立即采取行动对问题进行处理

2. ABB 工业机器人故障代码的编号规则

根据不同信息的性质和重要程度，ABB 工业机器人故障代码的划分见表 3-24。

表 3-24

编 号	信 息 类 型	描 述
1××××	操作	系统内部处理的流程信息
2××××	系统	与系统功能、系统状态相关的信息
3××××	硬件	与系统硬件、工业机器人本体以及控制器硬件有关的信息
4××××	RAPID 程序	与 RAPID 指令、数据等有关的信息

（续）

编　号	信 息 类 型	描　述
5××××	动作	与控制工业机器人的移动和定位有关的信息
7××××	I/O 通信	与输入和输出、数据总线等有关的信息
8××××	用户自定义	用户通过 RAPID 定义的提示信息
9××××	功能安全	与功能安全相关的信息
11××××	工艺	特定工艺应用信息，包括弧焊、点焊和涂胶等 0001～0199 过程自动化应用平台 0200～0399 离散造化应用平台 0400～0599 弧焊 0600～0699 点焊 0700～0799 Bosch 0800～0899 涂胶 1000～1200 取放 1400～1499 生产管理 1500～1549 BullsEye 1550～1599 SmartTac 1600～1699 生产监控 1700～1749 清枪 1750～1799 Navigator 1800～1849 Arcitec 1850～1899 MigRob 1900～2399 PickMaster RC 2400～2449 AristoMig 2500～2599 焊接数据管理
12××××	配置	与系统配置有关的信息
13××××	喷涂	与喷涂应用有关的信息
15××××	RAPID	与 RAPID 相关的信息
17××××	远程服务	远程服务相关的信息

下面运用以上的分类方法，对示教器出现的信息进行阅读，如图 3-43 所示。

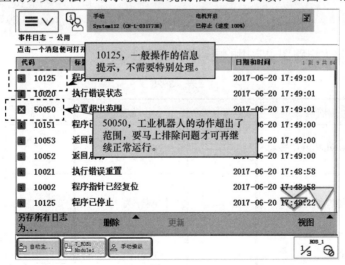

图　3-43

任务 3-7　工业机器人控制柜电路图解析

工作任务

> 掌握电路图符号的含义
> 掌握工业机器人控制柜电路图的基本阅读与查找方法

在日常的工业机器人操作与维护过程中，不能缺少的是对工业机器人电路图的阅读。根据工业机器人的组成，电路图一般分为控制柜电路图与机器人本体电路图。

在这里，先来学一学看懂控制柜电路图的基本技巧。现在大部分工业机器人的电路图还是英文版的，ABB 也不例外。读者不用太担心，因为电路图中所使用的都是标准的标识与专用的字符，多看几遍就会记住了。

ABB 工业机器人提供了详细的随机电子手册光盘，全部的相关电路图也包含其中，打开控制柜电路图的路径如下所示。

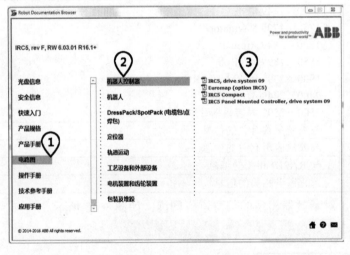

ABB 工业机器人电路图中常用的电路符号见表 3-25。

表　3-25

符号	描述	符号	描述	符号	描述
	功能性等电位连接	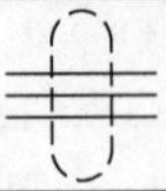	屏蔽保护	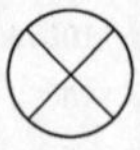	指示灯
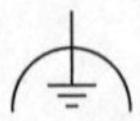	功能性接地	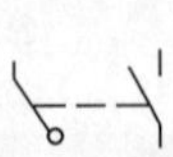	控制开关	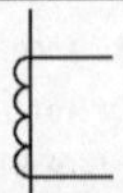	变压器
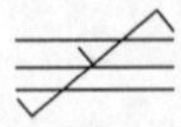	三芯线	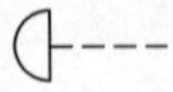	急停开关	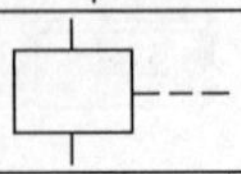	接触器

（续）

符号	描述	符号	描述	符号	描述
⊥	功能性等电位连接		母插头		按钮开关
	保护接地	- - -	直流电（DC）		过滤器
	四芯线	⊥	接地		公插针
	接触点		双芯线		交流电（AC）
	旋钮开关	Part A / Part B	多芯线		
	直通接头		手动开关		

在电路图中，提取了电子手册 PDF 版第 38.5 页的截图，如图 3-44 所示。表 3-26 对导线特性以及模块之间的连接标识进行了说明。

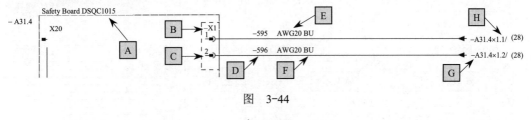

图 3-44

表 3-26

编号	描述	编号	描述
A	此模块的名称与型号	F	导线的颜色 BK=黑，BN=棕，RD=红，OG=橙，YE=黄，GN=绿，BU=蓝，VT=紫，GY=灰，WH=白，PK=粉，TO=蓝绿 双色的情况： WH/RD=白红双色 GN/YE=绿黄双色
B	插头的编号		
C	插头里的插针编号		
D	导线的编号		
E	导线的规格 AWG10 = 4.65mm² AWG12 = 3.02mm² AWG14 = 2.44mm² AWG16 = 1.25mm² AWG18 = 0.93mm² AWG20 = 0.56mm² AWG22 = 0.34mm² AWG24= 0.25mm² AWG26 = 0.15mm² AWG28 = 0.093mm²	G	连接到的模块编号
		H	连接到的电路图页码

在了解了符号标识与相关标注的知识后，下面就来学习电路图的查看了。

1）查找电路图的基本套路，如图 3-45、图 3-46 所示。

图 3-45

图 3-46

2）电路图中包含的内容如图 3-47～图 3-49 所示○。

───────────────

○ 图 3-47～图 3-55 为原厂图，为便于读者学习，没有进行编辑加工。

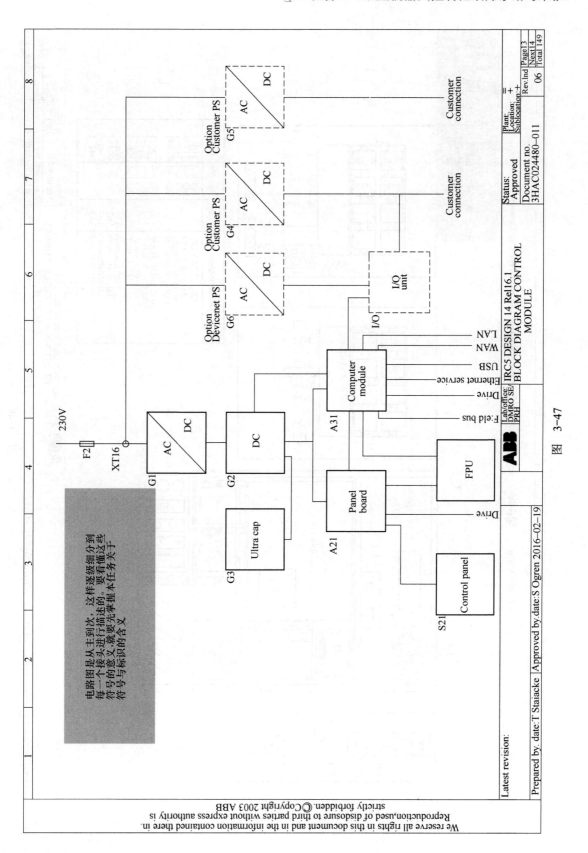

图 3-47

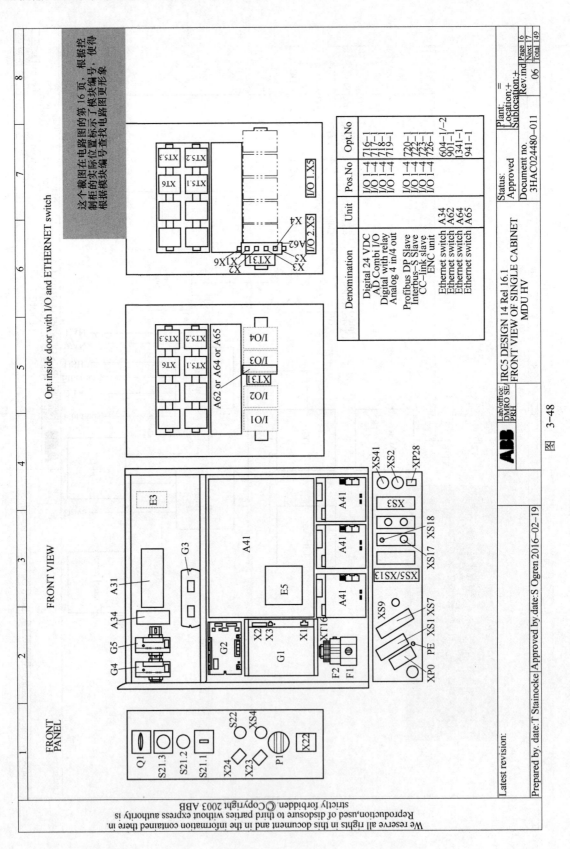

图 3-48

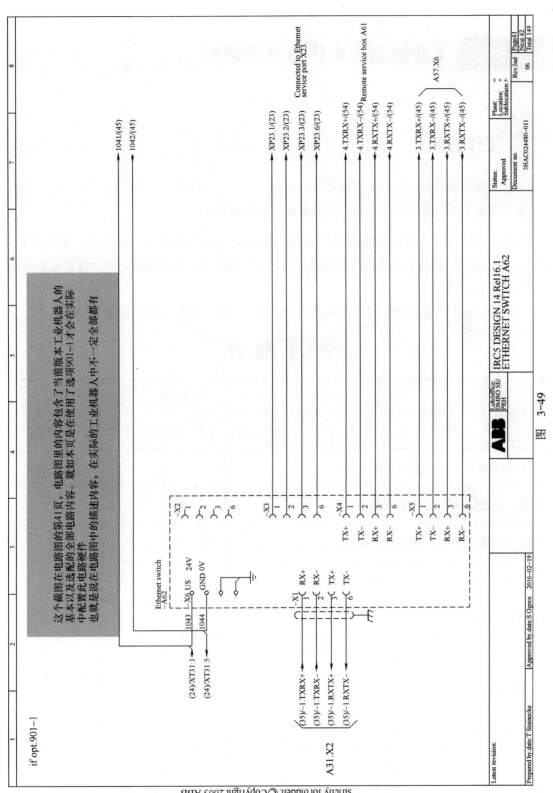

图 3-49

任务 3-8 工业机器人本体电路图解析

工作任务

➤ 掌握工业机器人本体电路图符号的含义

➤ 掌握工业机器人本体电路图的基本阅读与查找方法

工业机器人本体电路图主要描述工业机器人本体里面的伺服电动机、位置反馈以及 I/O 通信的连接情况。相对于控制柜的电路图来说，本体电路图就简单很多，因为没有过多的模块，主要是连接线。

下面以 ABB 的 IRB1200 的本体电路图为例进行讲解，如图 3-50～图 3-55 所示。

学 习 测 评

要　求	自 我 评 价			备　注
	掌　握	知　道	再　学	
掌握工业机器人标准型控制柜的构成				
掌握工业机器人紧凑型控制柜的构成				
掌握工业机器人标准型控制柜的周期保养				
掌握工业机器人紧凑型控制柜的周期保养				
理解控制柜故障的诊断技巧				
掌握控制柜常见的故障诊断方法				
掌握控制柜故障代码的查阅技巧				
掌握控制柜电路图解读的技巧				
掌握工业机器人本体电路图解读的技巧				

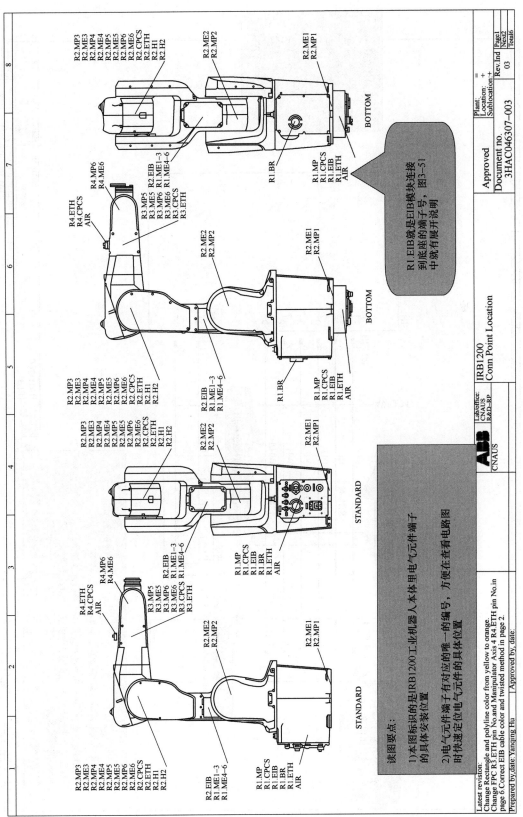

图 3-50

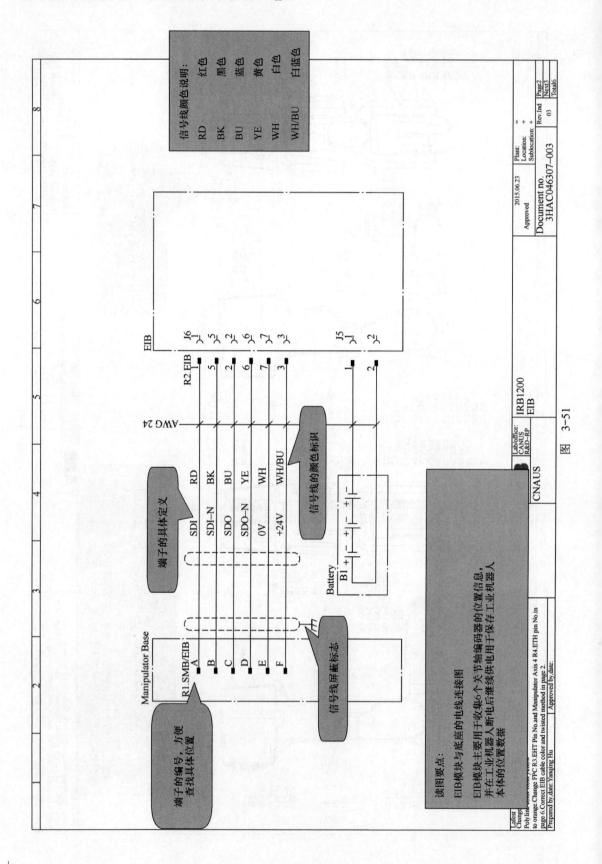

图 3-51

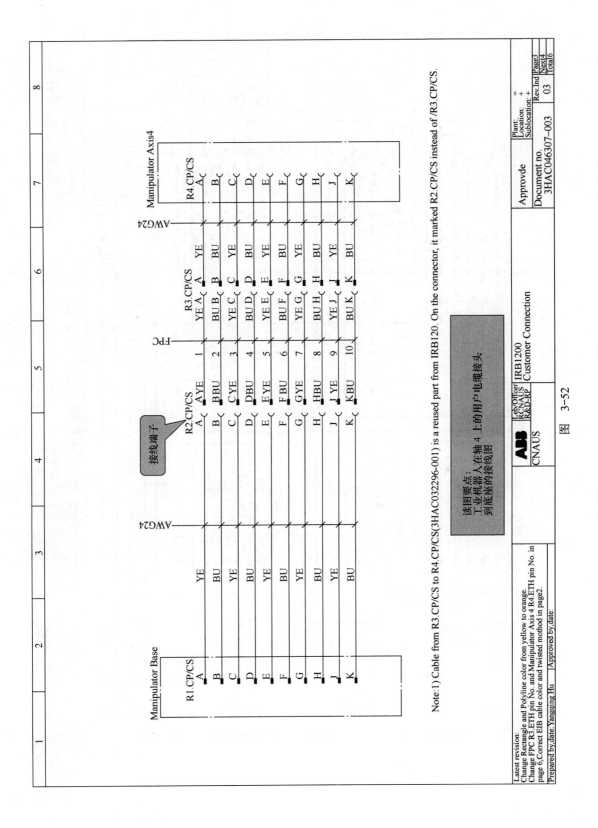

图 3-52

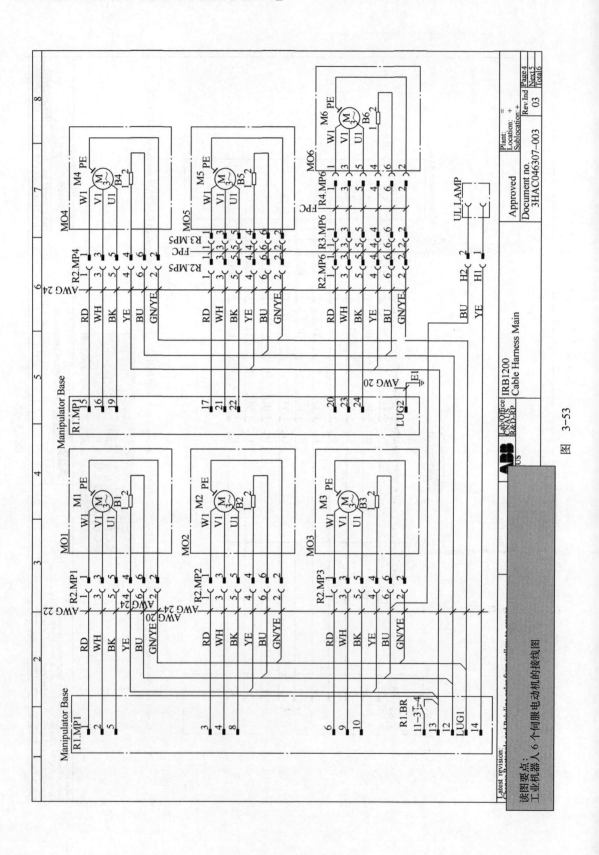

读图要点：
工业机器人 6 个伺服电动机的接线图

图 3-53

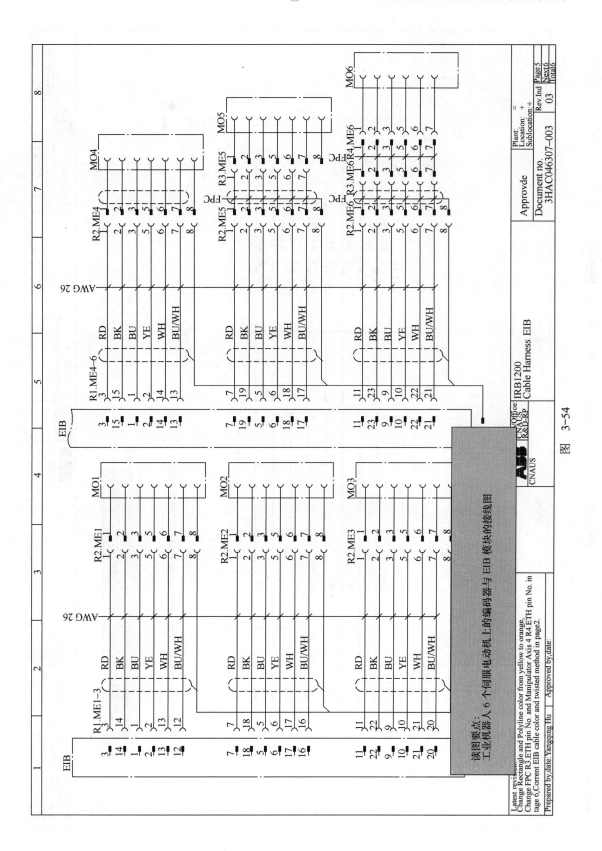

图 3-54

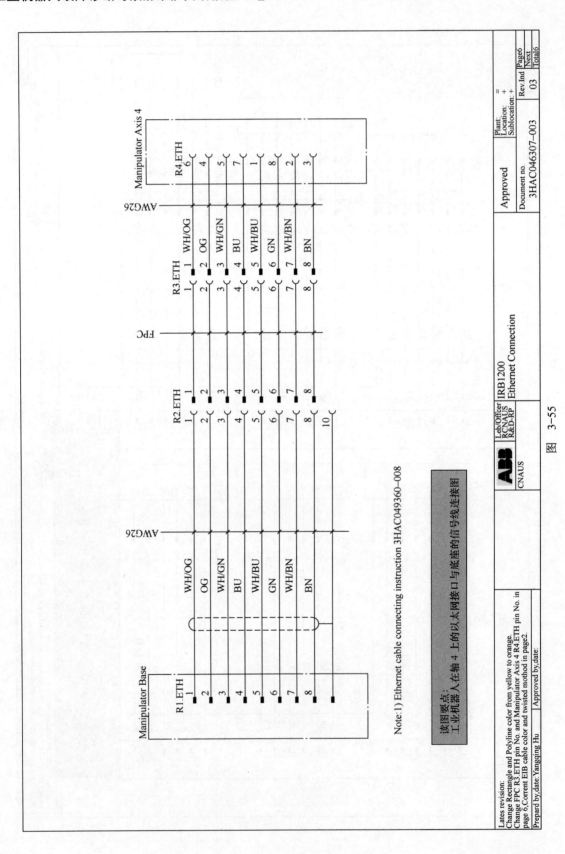

图 3-55

练 习 题

1. 请画出标准型控制柜主要模块的布置并标注对应的名称。
2. 请画出紧凑型控制柜主要模块的布置并标注对应的名称。
3. 请制订工业机器人标准型控制柜点检计划。
4. 请制订工业机器人紧凑型控制柜点检计划。
5. 简述工业机器人控制柜软故障的检查方法。
6. 简述故障诊断时对工业机器人周边观察的检查方法。
7. 简述"一次只更换一个元件"的操作方法。
8. 简述工业机器人控制柜主计算机模块的故障诊断 LED 状态指示灯含义。
9. 简述工业机器人控制柜安全面板模块的故障诊断 LED 状态指示灯含义。
10. 简述工业机器人控制柜驱动单元模块的故障诊断 LED 状态指示灯含义。
11. 简述工业机器人控制柜轴计算机模块的故障诊断 LED 状态指示灯含义。
12. 简述工业机器人控制柜系统电源模块的故障诊断 LED 状态指示灯含义。
13. 简述工业机器人控制柜电源分配模块的故障诊断 LED 状态指示灯含义。
14. 简述工业机器人控制柜用户 I/O 电源模块的故障诊断 LED 状态指示灯含义。
15. 简述工业机器人控制柜接触器模块的故障诊断 LED 状态指示灯含义。
16. 简述工业机器人控制柜 ABB 标准 I/O 模块的故障诊断 LED 状态指示灯含义。
17. 简述工业机器人故障代码的类型分类。
18. 简述工业机器人故障代码的编号规则。
19. 画出 ABB 工业机器人电路图中常用的电路符号。
20. 简述工业机器人控制柜电路图的基本阅读与查找方法。
21. 简述工业机器人本体电路图的基本阅读与查找方法。

任务 4　工业机器人本体的维护

 **任务目标**

- ➤ 学会制订工业机器人的维护计划
- ➤ 掌握工业机器人转数计数器更新的操作
- ➤ 掌握协同型工业机器人 YUMI 的维护保养操作流程
- ➤ 掌握关节型机器人 IRB120 的维护保养操作流程
- ➤ 掌握关节型机器人 IRB1200 的维护保养操作流程
- ➤ 掌握关节型机器人 IRB1410 的维护保养操作流程
- ➤ 掌握并联型机器人 IRB360 的维护保养操作流程
- ➤ 掌握码垛型机器人 IRB460 的维护保养操作流程
- ➤ 掌握关节型机器人 IRB6700 的维护保养操作流程
- ➤ 掌握平面关节型工业机器人 IRB910SC 的维护保养操作流程

 准备知识

1）本任务中囊括了现在工业应用中最典型结构的工业机器人需要执行的所有维护活动。

2）以介绍工业机器人的实际维护计划为基础。该计划包含所有需要做的维护的内容信息（包括维护间隔）和每一次维护需要进行的操作。每一步操作都有详细的介绍及所需的工具和材料。

3）开展任何维护检修工作前，请查阅本书任务 1 中的相关安全信息。其中有必须仔细阅读的一般安全事项，同时还包括更为具体的安全信息，这些安全信息介绍了在执行操作程序时所存在的危险和安全风险。所以在执行任何检修工作前，请务必先阅读。

4）务必确保在开始任何维护工作前先对要作业的工业机器人进行保护性接地。

任务 4-1　协同型工业机器人 YuMi 的本体维护

 工作任务

➢ 制订协同型工业机器人 YuMi 的维护点检计划

➢ 对协同型工业机器人 YuMi 实施维护点检计划

➢ 掌握工业机器人 YuMi 的机械原点位置

➢ 掌握工业机器人 YuMi 转数计数器更新的操作

1. 维护计划

必须对工业机器人进行定期维护以确保其功能正常。不可预测情形下的异常也应对工业机器人进行检查。在日常工业机器人的运行过程中也必须及时注意任何损坏。

设备点检是一种科学的设备管理方法，它是利用人的五官或简单的仪器工具，对设备进行定点、定期的检查，对照标准发现设备的异常现象和隐患，掌握设备故障的初期信息，以便及时采取对策，将故障消灭在萌芽阶段的一种管理方法。

接下来针对工业机器人 YuMi 制订日点检表及定期点检表，见表 4-1 和表 4-2。

工业机器人 YuMi 日点检表及定期点检表说明如下：

1）表 4-1 和表 4-2 中列出的是与工业机器人 YuMi 本身直接相关的点检项目。

2）工业机器人一般不是单独存在于工作现场的，必然会有相关的周边设备。所以可以根据实际的情况将周边设备的点检项目添加到点检表中，以方便工作的开展。

2. 维护实施

➥ **定期点检项目 1：清洁工业机器人。**

关闭工业机器人的所有电源，然后再进入工业机器人的工作空间。

为保证较长的正常运行时间，务必定期清洁 YuMi。清洁的时间间隔取决于工业机器人工作的环境。

ℹ️ **注意**：清洁之前务必确认工业机器人的防护类型。

（1）注意事项

1）务必按照规定使用清洁设备。任何其他清洁设备都可能会缩短工业机器人的使用寿命。

2）清洁前，务必先检查是否所有保护盖都已安装到工业机器人上。

3）切勿进行以下操作：

① 使用压缩空气清洁工业机器人。

② 使用未获工业机器人厂家批准的溶剂清洁工业机器人。

③ 清洁工业机器人之前，卸下任何保护盖或其他保护装置。

表 4-1
YuMi 日点检表

_____ 年 _____ 月

类别	编号	检查项目	要求标准	方法	1	2	3	4	5	6	7	8	9	10	11	12	13	14	15	16	17	18	19	20	21	22	23	24	25	26	27	28	29	30	31
日点检	1	工业机器人本体清洁，四周无杂物	无灰尘异物	擦拭																															
	2	保持通风良好	清洁无污染	测																															
	3	示教器屏幕显示是否正常	显示正常	看																															
	4	示教器控制器是否正常	正常控制工业机器人	试																															
	5	检查安全防护装置运作正常、急停按钮是否正常等	安全装置运作正常	测试																															
	6	气管、接头、气阀有无漏气	密封性完好，无漏气	听、看																															
	7	检查电动机运转声音是否异常	无异常声响	听																															
		确认人签字																																
备注		日点检要求每日开工前进行。设备点检、维护正常画"√"；使用异常画"△"；设备未运行画"/"。																																

表 4-2　YuMi 定期点检表

___年

类别	编号	检查项目	1	2	3	4	5	6	7	8	9	10	11	12
定期[1]点检	1	清洁工业机器人												
	2	检查工业机器人												
	3	检查塑料件与衬垫[2]												
		确认人签字												
每6个月	4	检查电缆线束												
		确认人签字												
每12个月	5	检查信息标签												
		确认人签字												
	6	更换电池组												
		确认人签字												
备注		① "定期" 意味着要定期执行相关活动，但实际的间隔可以不遵守工业机器人制造商的规定。此间隔取决于工业机器人的操作周期、工作环境和运动模式。通常，环境污染越严重，运动模式越苛刻（电缆线束弯曲越厉害），检查间隔越短。 ② 塑料件与衬垫部件是工业机器人的安全特性，可以在发生碰撞时减轻冲击。为了确保工业机器人的安全级别，必须定期检查这些部件。 设备点检，维护正常画 "√"；使用异常画 "△"；设备未运行画 "/"。													

（2）清洁方法　表 4-3 规定了防护类型为标准版（Standard）的 ABB 工业机器人 YuMi 所允许的清洁方法。

表 4-3

工业机器人防护类型	清洁方法			
	真空吸尘器	用布擦拭	用水冲洗	高压水或高压蒸汽
标准版（Standard）	可以	可以，可使用少量清洁剂	不可以	不可以

➟ **定期点检项目2：检查工业机器人。**

检查异常磨损或污染情况见表 4-4。

表 4-4

序 号	说 明	对 策
1	工业机器人表面有否异常磨损	确认磨损原因，并进行修复
2	工业机器人表面有否脏污	查看污染源，并进行清除

➟ **定期点检项目3：检查塑料件与衬垫。**

（1）塑料件与衬垫的位置　塑料件与衬垫分布于整个臂部，如图 4-1 所示。

(!) **小心**：塑料与衬垫部件是工业机器人的安全特性，可以在发生碰撞时减轻冲击。为了确保工业机器人的安全级别，必须定期检查这些部件。

（2）所需工具和设备　转矩螺钉旋具，转矩范围为 0.07～0.70 N·m。

（3）检查塑料件与衬垫　使用表 4-5 的操作程序检查工业机器人。

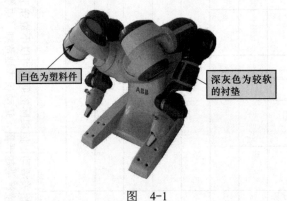

白色为塑料件

深灰色为较软的衬垫

图 4-1

表 4-5

序 号	操 作	注 释
1	⚠ **危险**：进入工业机器人工作区域之前，关闭连接到工业机器人的所有： 1）工业机器人的电源 2）工业机器人的液压供应系统 3）工业机器人的气压供应系统	—
2	目视检查所有塑料件与衬垫，查看是否有损坏。如有盖板损坏或因其他原因不能发挥保护作用，则必须更换	—
3	确保所有的塑料件与衬垫盖板完全固定。手动检查这些部分是否松动。如有必要，将其拧紧	拧紧力矩：除轴6的盖板及带衬垫的法兰需要 0.2N·m 拧紧力矩外，其余的盖板拧紧力矩为 0.14N·m

定期点检项目 4：检查电缆线束。

（1）电缆线束的位置 臂部的电缆线束从其与控制器传动部件连接处开始，从主体上整体穿出，穿过整个手臂到轴电动机，最后达到工具法兰。

对图 4-2 中电缆线束进行目视检查，需要卸下的盖板均已卸下。

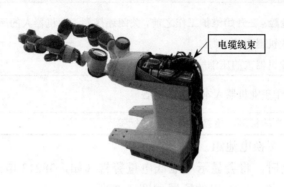

图 4-2

（2）所需工具和设备 转矩螺钉旋具，转矩范围为 0.07～0.70N·m。

（3）检查电缆线束 操作步骤见表 4-6。

表 4-6

序 号	操 作	注 释
1	⚠ 危险：对工业机器人进行检查之前，关闭连接到工业机器人的所有： 1）工业机器人的电源 2）工业机器人的压缩空气供应系统	—
2	卸下所有必要的盖板以便能看到所有电缆	—
3	1）目视检查所有臂部电缆线路 2）查找磨损、切割或挤压损坏，如有损坏，请更换整个工业机器人臂部	—
4	1）检查电缆是否得到适当的润滑 2）如有需要，在电缆线束的活动部分均匀地涂上润滑脂 3）润滑脂颜色变黑是正常情况	润滑脂：Mobil FM222
5	1）装回所有盖板 2）如有任何盖板损伤，则必须更换 ⓘ 小心：在装回时不要挤压到任何线缆	拧紧力矩：除轴 6 的盖板及带衬垫的法兰需要 0.2N·m 拧紧力矩外，其余的盖板拧紧力矩为 0.14N·m

定期点检项目 5：检查信息标签。

工业机器人和控制器都贴有数个安全和信息标签，其中包含产品的相关重要信息。这些信息对所有操作机器人系统的人员都非常有用，特别是在安装、检修或操作期间。所以有必要维护好信息标签的完整。

（1）所需工具和设备　目视检查，无须工具。

（2）检查标签　操作步骤见表 4-7。

表　4-7

序　　号	操　　作	注　　释
1	⚠ **危险**：在开始维护工作之前，关闭连接到工业机器人的所有： 1）工业机器人的电源 2）工业机器人的压缩空气供应系统	—
2	检查位于工业机器人本体上的标签	标签的信息请参考本书任务 1-2
3	补齐丢失的标签，更换所有受损的标签	—

➥ **定期点检项目 6：更换电池组。**

当需要更换电池时，将会显示电池低电量警告（如，38213 电池电量低）。

（1）电池组的位置　电池组的位置如图 4-3 所示。

图　4-3

（2）所需工具和设备　星形内六角圆头扳手，长 110mm；刀具。

（3）必需的耗材　电缆扎带。

（4）卸下电池组　使用以下操作卸下电池组。

1）拆卸电池组前的准备工作见表 4-8。

表　4-8

序　　号	操　　作	注　　释
1	将工业机器人调至其校准姿态	目的是有助于后续的转数计数器更新操作
2	⚠ **危险**：对工业机器人进行维修前，关闭连接到工业机器人的所有： 1）工业机器人的电源 2）工业机器人的压缩空气供应系统	—

2）卸下电池组的操作步骤见表 4-9。

表　4-9

序　号	操　作	注　释
1	⚠ **危险**：确保电源、液压和压缩空气都已经全部关闭	—
2	⚠ **静电放电**：该装置易受 ESD 影响。在操作之前，请先阅读任务 1-2 中的安全标志及操作提示	—
3	卸下主体盖板	螺钉 10 个
4	取下电池接头（X3）	
5	割断固定电池的线缆捆扎带并取出电池	

（5）重新安装电池组　操作步骤见表 4-10。

表 4-10

序　号	操　作	注　释
1	⚠ 静电放电：该装置易受 ESD 影响。在操作之前，请先阅读任务 1-2 中的安全标志及操作提示	—
2	安装电池并用线缆捆扎带固定 ℹ 注意：电池包含保护电路。应使用规定的备件或 ABB 认可的同等质量的备件进行更换	
3	接上电池接头（X3）	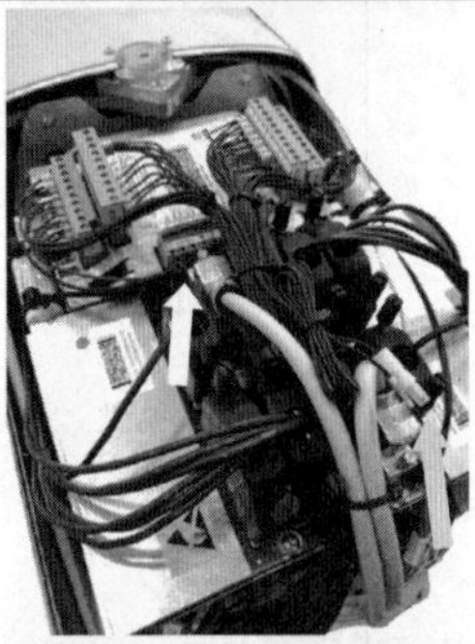
4	装回主体盖板	拧紧力矩：0.9 N·m 
5	将主体盖板剩下的两个螺钉装回	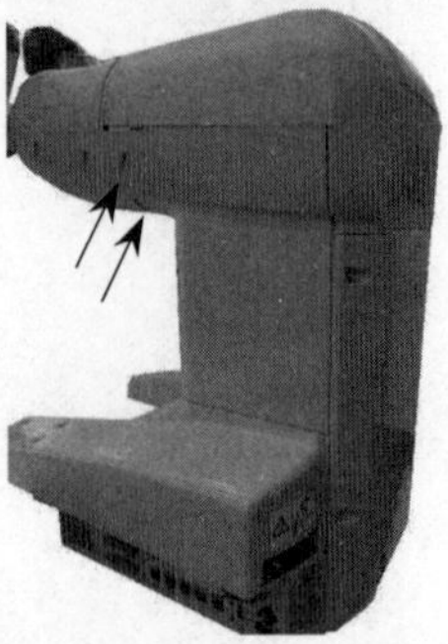 拧紧力矩：0.2 N·m ℹ 注意：应使用原来的螺钉，切勿用其他螺钉替换

（续）

序　号	操　作	注　释
6	装回止动螺钉	法兰螺钉（2 个） 拧紧力矩：0.2 N·m 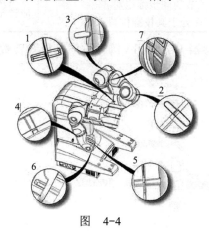

（6）最后操作　见表 4-11。

表　4-11

序　号	操　作
1	更新转数计数器
2	⚠ 危险：确保在执行首次试运行时，满足所有安全要求。这些内容在任务 1 中有详细说明

3. YuMi 工业机器人机械原点位置及转数计数器更新

ABB 工业机器人 YuMi 的 7 个关节轴都有相应的同步标记位置。当系统中设定的原点数据丢失后，就需要进行转数计数器更新，以便找回原点。

将 7 个轴都对准各自的同步标记位置，如图 4-4 所示。

图　4-4

（1）同步标记位置　图 4-5 中显示了处于同步位置的工业机器人，即每根轴的同步标记都相互对齐。

（2）以角度表示的精确轴位置　表 4-12 以度数显示了 7 个轴处于同步标记位置时的精确轴位置。

图 4-5

表 4-12

轴	YuMi ROB_R	YuMi ROB_L
1	0°	0°
2	−130°	−130°
3	30°	30°
4	0°	0°
5	40°	40°
6	0°	0°
7	−135°	135°

步骤 1，将工业机器人移至其校准位置，见表 4-13。

表 4-13

序　号	操　作	注　释
1	⚠ 小心：释放制动闸时，工业机器人轴可能移动得非常快，且有时无法预料其移动方式	—
2	1）松开待校准工业机器人手臂的制动闸，手动移动手臂，使每个关节的同步标记对齐 2）工业机器人现在处于其校准位置	关节位置有一个容差。记号的边缘应该至少在相反记号的区域内

步骤 2，选择用霍尔传感器（CalHall）例行程序来更新转数计数器。具体操作如下所示。

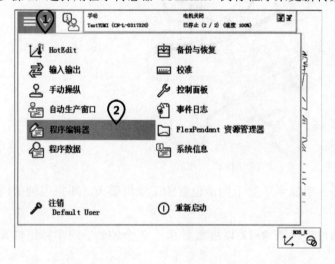

① 单击左上角主菜单。

② 选择"程序编辑器"。

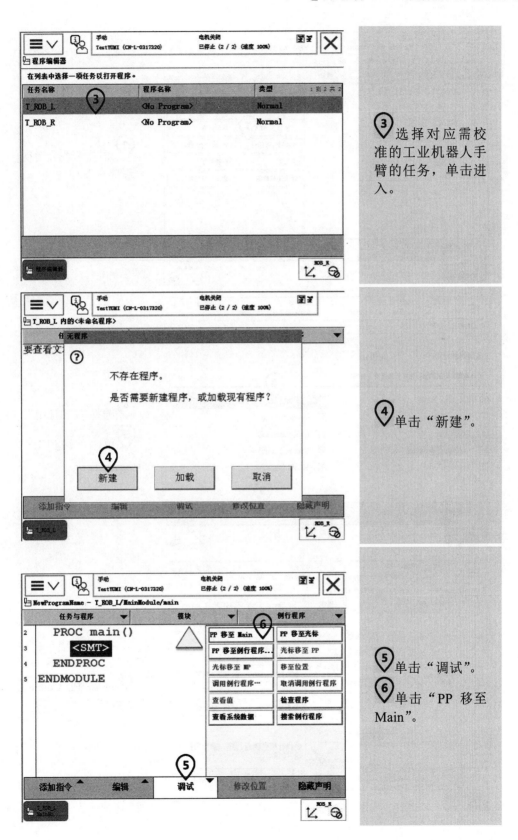

③ 选择对应需校准的工业机器人手臂的任务，单击进入。

④ 单击"新建"。

⑤ 单击"调试"。

⑥ 单击"PP 移至 Main"。

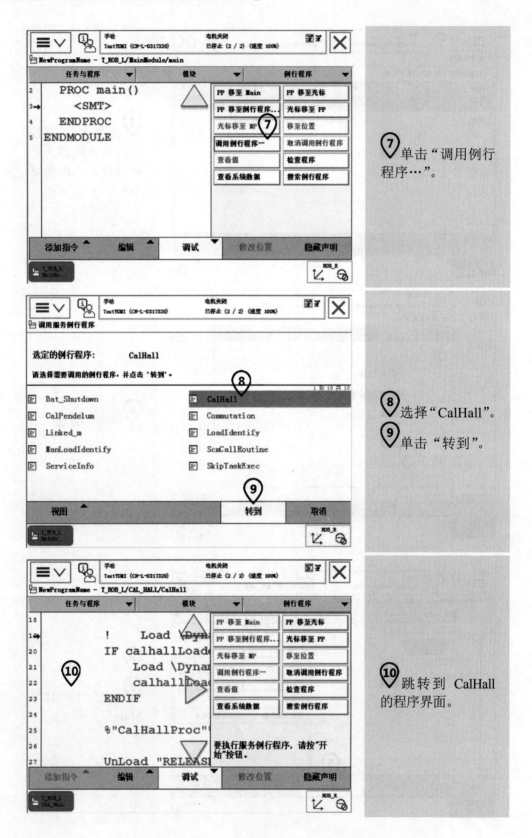

⑦ 单击"调用例行程序…"。

⑧ 选择"CalHall"。

⑨ 单击"转到"。

⑩ 跳转到 CalHall 的程序界面。

Calibration with hall sensors

Please select function to use for mechanical unit ROB_L

1. Fine calibration
2. Update of revolution counters

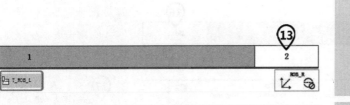

Selection of joint(s) to update

Choose joint(s) to update revolution counters for ROB_L

1. [ ]
2. [ ]
3. [ ]
4. [ ]
5. [ ]
6. [ ]
7. [ ]

11 左手按下使能键，进入"电机开启"状态。

12 按一下"程序启动"按键。

13 单击"2"。

14 选择要更新转数计数器的关节，单击"1"。

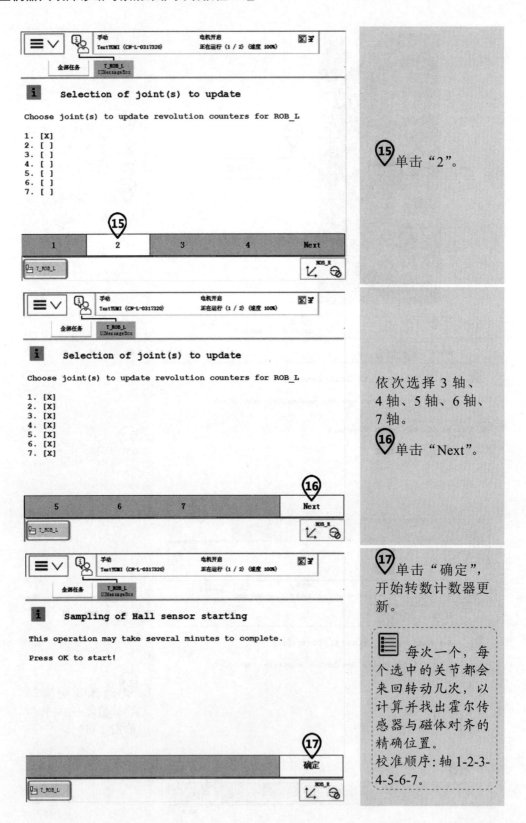

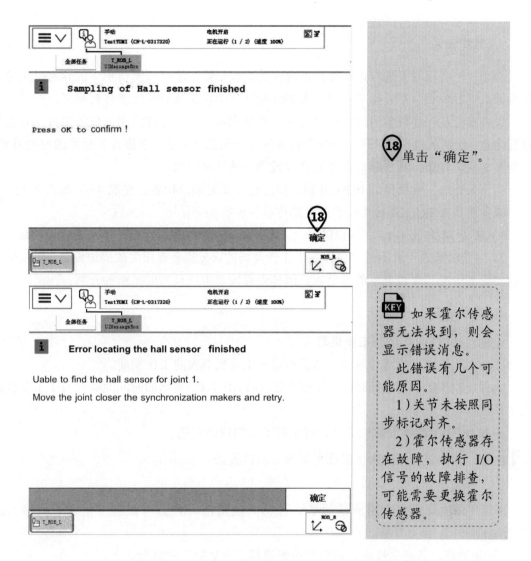

⑱ 单击"确定"。

KEY 如果霍尔传感器无法找到，则会显示错误消息。

此错误有几个可能原因。

1）关节未按照同步标记对齐。

2）霍尔传感器存在故障，执行 I/O 信号的故障排查，可能需要更换霍尔传感器。

任务 4-2　**关节型工业机器人 IRB120 的本体维护**

工作任务

➤ 制订关节型工业机器人 IRB120 的维护点检计划

➤ 对关节型工业机器人 IRB120 实施维护点检计划

➤ 掌握工业机器人 IRB120 的机械原点位置

➤ 掌握工业机器人 IRB120 转数计数器更新的操作

1. 维护计划

必须对工业机器人进行定期维护以确保其功能正常。不可预测情形下的异常也应对工业机器人进行检查。在日常工业机器人的运行过程中也必须及时注意任何损坏。

设备点检是一种科学的设备管理方法，它是利用人的五官或简单的仪器工具，对设备进行定点、定期的检查，对照标准发现设备的异常现象和隐患，掌握设备故障的初期信息，以便及时采取对策，将故障消灭在萌芽阶段的一种管理方法。

接下来针对工业机器人 IRB120 制订日点检表及定期点检表，见表 4-14 和表 4-15。

工业机器人 IRB120 日点检表及定期点检表说明如下：

1）表 4-14 和表 4-15 中列出的是与工业机器人 IRB120 本身直接相关的点检项目。

2）工业机器人一般不是单独存在于工作现场的，必然会有相关的周边设备。所以可以根据实际的情况将周边设备的点检项目添加到点检表中，以方便工作的开展。

2. 维护实施

定期点检项目 1：清洁工业机器人

关闭工业机器人的所有电源，然后再进入工业机器人的工作空间。

为保证较长的正常运行时间，务必定期清洁 IRB120。清洁的时间间隔取决于工业机器人工作的环境。

根据 IRB120 的不同防护类型，可采用不同的清洁方法。

> ℹ **注意**：清洁之前务必确认工业机器人的防护类型。

（1）注意事项

1）务必按照规定使用清洁设备。任何其他清洁设备都可能会缩短工业机器人的使用寿命。

2）清洁前，务必先检查是否所有保护盖都已安装到工业机器人上。

3）切勿进行以下操作：

① 将清洗水柱对准连接器、接点、密封件或垫圈。

② 使用压缩空气清洁工业机器人。

③ 使用未获工业机器人厂家批准的溶剂清洁工业机器人。

④ 喷射清洗液的距离低于 0.4m。

⑤ 清洁工业机器人之前，卸下任何保护盖或其他保护装置。

（2）清洁方法　表 4-16 规定了不同防护类型的 ABB 工业机器人 IRB120 所允许的清洁方法。

用布擦拭：食品行业中高清洁等级的食品级润滑工业机器人在清洁后，确保没有液体流入工业机器人，以及滞留在缝隙或表面。

表 4-14

IRB120 日点检表

年___月___

类别	编号	检查项目	要求标准	方法	1	2	3	4	5	6	7	8	9	10	11	12	13	14	15	16	17	18	19	20	21	22	23	24	25	26	27	28	29	30	31
日点检	1	工业机器人本体及控制柜清洁，四周无杂物	无灰尘无异物	擦试																															
	2	保持通风良好	清洁无污染	测																															
	3	示教器屏幕显示是否正常	显示正常	看																															
	4	示教器控制器是否正常	正常控制工业机器人	试																															
	5	检查安全防护装置是否运作正常，急停按钮是否正常等	安全装置运作正常	测试																															
	6	气管、接头、气阀有无漏气	密封性完好，无漏气	听、看																															
	7	检查电动机运转声音是否异常	无异常声响	听																															
		确认人签字																																	
备注		日点检要求每日开工前进行。 设备点检、维护正常画"√"；使用异常画"△"；设备未运行画"○"。																																	

表 4-15

IRB120 定期点检表

____年

类别	编号	检查项目	1	2	3	4	5	6	7	8	9	10	11	12
定期①点检	1	清洁工业机器人												
	2	检查工业机器人线缆②												
	3	检查轴1机械限位③												
	4	检查轴2机械限位③												
	5	检查轴3机械限位③												
	6	检查塑料盖												
		确认人签字												
每12个月	7	检查信息标签												
		确认人签字												
每36个月	8	检查同步带												
		确认人签字												
	9	更换电池组④												
		确认人签字												

备注

① "定期"意味着要定期执行相关活动，但实际的间隔可以不遵守工业机器人制造商的规定。此间隔取决于工业机器人的操作周期、工作环境和运动模式。通常，环境污染越严重，运动模式越苛刻（电缆线束弯曲越厉害），检查间隔越短。
② 工业机器人布线包含工业机器人与控制柜之间的布线。如果发现有损坏环或损裂缝，或即将达到寿命，应即更换。
③ 如果机械限位被撞到，应立即检查。
④ 电池的剩余后备电量（工业机器人电源关闭）不足2个月时，将显示电池低电量警告（38213 电池电量低）。通常，如果工业机器人电源每周关闭2天，则新电池的使用寿命为36个月；而如果工业机器人电源每天关闭16h，则新电池的使用寿命为18个月。对于较长时间的生产中断，通过电池关闭程序可延长电池使用寿命（大约3倍）。

设备点检、维护正常画"√"；使用异常画"△"；设备未运行画"/"。

表 4-16

工业机器人防护类型	清 洁 方 法			
	真空吸尘器	用 布 擦 拭	用 水 冲 洗	高压水或高压蒸汽
标准版 IP30	可以	可以，使用少量清洁剂	不可以	不可以
洁净室版	可以	可以，使用少量清洁剂、酒精或 异丙醇酒精	不可以	不可以

（3）电缆 可移动电缆应能自由移动。

1）如果沙、灰和碎屑等妨碍电缆移动，应将其清除。

2）如果发现电缆有硬皮，应马上进行清洁。

定期点检项目2：检查工业机器人线缆。

工业机器人布线包含工业机器人与控制柜之间的线缆，主要是伺服电动机动力线缆、转数计数器线缆、示教器线缆和用户线缆（选配），如图4-6所示。

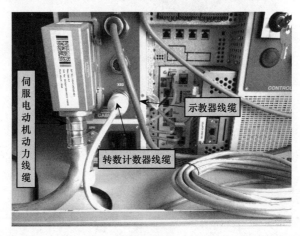

图 4-6

（1）所需工具和设备 目视检查，无须工具。

（2）检查工业机器人布线 使用表4-17所示操作程序检查工业机器人线缆。

表 4-17

序 号	操 作
1	⚠ 危险：进入工业机器人工作区域之前，关闭连接到工业机器人的所有： 1）工业机器人的电源 2）工业机器人的液压供应系统 3）工业机器人的气压供应系统
2	目测检查： 1）工业机器人与控制柜之间的控制线缆 2）查找是否有磨损、切割或挤压损坏
3	如果检测到磨损或损坏，则更换线缆

❧ **定期点检项目 3～5：检查机械限位。**

在轴 1 的运动极限位置有机械限位，轴 2、轴 3 的运动极限位置有机械限位，用于限制轴运动范围以满足应用中的需要。为了安全要定期点检所有的机械限位是否完好，功能是否正常。

图 4-7 为轴 1 机械限位、轴 2 和轴 3 上的机械限位位置。

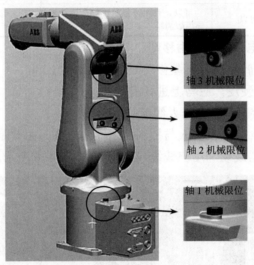

图　4-7

（1）所需工具和设备　目视检查，无须工具。

（2）检查机械限位　使用表 4-18 所示操作步骤检查轴 1 机械限位、轴 2 和轴 3 上的机械限位。

表　4-18

序　　号	操　　作
1	⚠ **危险**：进入工业机器人工作区域之前，关闭连接到工业机器人的所有： 1）工业机器人的电源 2）工业机器人的液压供应系统 3）工业机器人的压缩空气供应系统
2	检查机械限位
3	机械限位出现以下情况时，应马上进行更换： 1）弯曲变形 2）松动 3）损坏 ℹ **注意**：与机械限位的碰撞会导致齿轮箱的预期使用寿命缩短。在示教与调试工业机器人时要特别小心。

❧ **定期点检项目 6：检查塑料盖。**

IRB120 工业机器人本体使用了塑料盖，主要是基于轻量化的考量。为了保持完整的外观和可靠的运行，需要定期对工业机器人本体的塑料盖进行维护。

塑料盖示意图如图 4-8 所示。

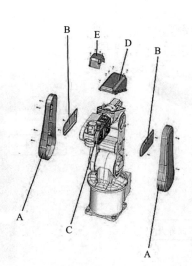

图　4-8

A—下臂盖（2件）　B—腕侧盖（2件）　C—上臂盖　D—轴 4 保护盖　E—轴 6 保护盖

塑料盖更换步骤见表 4-19。

表　4-19

序　号	操 作 流 程
1	⚠ **危险**：开始操作前，关闭工业机器人的所有电力、液压和气压供给。
2	检查塑料盖是否存在： 1）裂纹 2）其他类型的损坏
3	如果检测到裂纹或损坏，则更换塑料盖

➲ 定期点检项目 7：检查信息标签。

工业机器人和控制器都贴有数个安全和信息标签，其中包含产品的相关重要信息。这些信息对所有操作机器人系统的人员都非常有用，特别是在安装、检修或操作期间。所以有必要维护好信息标签的完整。

（1）标签信息　请参阅本书任务 1-2 的内容。

（2）所需工具和设备　目视检查，无须工具。

（3）检查标签　操作步骤见表 4-20。

表　4-20

序　号	操　作	注　释
1	⚠ **危险**：进入工业机器人工作区域之前，关闭连接到工业机器人的所有： 1）工业机器人的电源 2）工业机器人的液压供应系统 3）工业机器人的压缩空气供应系统	—
2	检查位于工业机器人本体与控制柜位置的标签	参考任务 1-2 中的标签说明
3	补齐丢失的标签，更换所有受损的标签	—

↘ **定期点检项目 8：检查同步带。**

同步带的位置如图 4-9 所示。

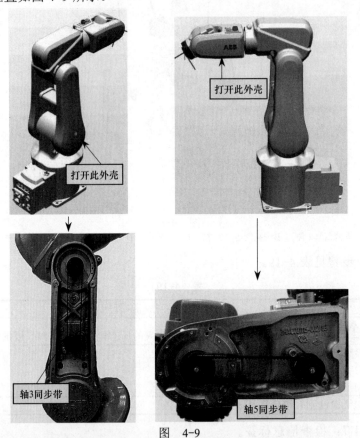

图　4-9

（1）所需工具和设备　米制内六角圆头扳手套装；同步带张力计。

（2）检查同步带　使用表 4-21 所示操作步骤检查同步带。

表　4-21

序　号	操　作	注　释
1	⚠ **危险**：进入工业机器人工作区域之前，关闭连接到工业机器人的所有： 1）工业机器人的电源 2）工业机器人的液压供应系统 3）工业机器人的压缩空气供应系统	—
2	卸除盖子即可看到每条同步带	—
3	检查同步带是否损坏或磨损	—
4	检查同步带轮是否损坏	—
5	如果检查到任何损坏或磨损，则必须更换该部件	—
6	使用张力计对同步带的张力进行检查	

（续）

序　号	操　　作	注　　释
7	1）检查每条同步带的张力 2）如果同步带张力不正确，应调整	轴3：新同步带 $F=18\sim19.7N$ 旧同步带 $F=12.5\sim14.3N$ 轴5：新同步带 $F=7.6\sim8.4N$ 旧同步带 $F=5.3\sim6.1N$

↘ 定期点检项目 9：更换电池组。

电池的剩余后备电量（工业机器人电源关闭）不足 2 个月时，将显示电池低电量警告（38213电池电量低）。通常，如果工业机器人电源每周关闭 2 天，则新电池的使用寿命为 36 个月；而如果工业机器人电源每天关闭 16h，则新电池的使用寿命为 18 个月。对于较长时间的生产中断，通过电池关闭服务例行程序可延长电池的使用寿命（大约提高使用寿命 3 倍）。

电池组的位置如图 4-10 所示。

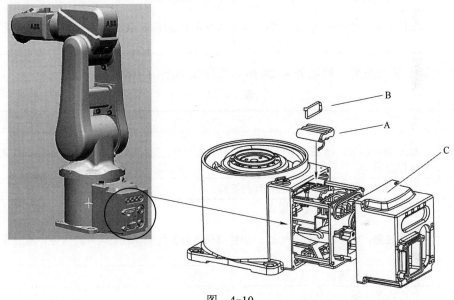

图　4-10
A—电池　B—扎带　C—底座盖

（1）所需工具和设备　米制内六角圆头扳手；刀具。

（2）必需的耗材　塑料扎带。

（3）卸下电池组　使用以下操作卸下电池组。

1）拆卸电池组前的准备工作见表 4-22。

表　4-22

序　号	操　　作	注　　释
1	将工业机器人各个轴调至其机械原点位置	目的是有助于后续的转数计数器更新操作
2	⚠ **危险**：进入工业机器人工作区域之前，关闭连接到工业机器人的所有： 1）工业机器人的电源 2）工业机器人的液压供应系统 3）工业机器人的压缩空气供应系统	—

2）卸下电池组的步骤见表 4-23。

表　4-23

序　号	操　作
1	⚠ **危险**：确保电源、液压和压缩空气都已经全部关闭
2	⚡ **静电放电**：该装置易受 ESD 影响。在操作之前，请先阅读任务 1-2 中的安全标志与操作提示
3	ⓘ **小心**：对于洁净室版工业机器人，在拆卸工业机器人的零部件时，请务必使用刀具切割漆层以免漆层开裂，并打磨漆层毛边以获得光滑表面
4	卸下底座盖子
5	割断固定电池的线缆扎带并拔下电池电线后取出电池 ℹ **注意**：电池包含保护电路。应使用规定的备件或 ABB 认可的同等质量的备件进行更换

（4）重新安装电池组　使用表 4-24 所示操作安装新的电池组。

表　4-24

序　号	操　作
1	⚡ **静电放电**：该装置易受 ESD 影响。在操作之前，请先阅读任务 1-2 中的安全标志与操作提示
2	清洁洁净室版工业机器人已打开的接缝
3	安装电池并用线缆捆扎带固定 ℹ **注意**：电池包含保护电路。应使用规定的备件或 ABB 认可的同等质量的备件进行更换
4	插好电池连接插头
5	将底座盖子重新安装好
6	对洁净室版工业机器人密封和盖子与本体的接缝进行涂漆处理 ℹ **注意**：完成所有维修工作后，用蘸有酒精的无绒布擦掉工业机器人上的颗粒物

（5）最后步骤　见表 4-25。

表　4-25

序　号	操　作
1	更新转数计数器
2	清洁洁净室版工业机器人打开的关节相关部位并将其涂漆 ℹ **注意**：完成所有维修工作后，用蘸有酒精的无绒布擦掉洁净室版工业机器人上的颗粒物
3	⚠ **危险**：确保在执行首次试运行时，满足所有安全要求。这些内容在任务 1-1 中有详细说明

3. 工业机器人 IRB120 机械原点位置及转数计数器更新

ABB 工业机器人 IRB120 的 6 个关节轴都有一个机械原点位置，即各轴的零点位置。当系统设定的原点数据丢失后，就需要进行转数计数器更新以便找回原点。

将 6 个轴都对准各自的机械原点标记，如图 4-11 所示。

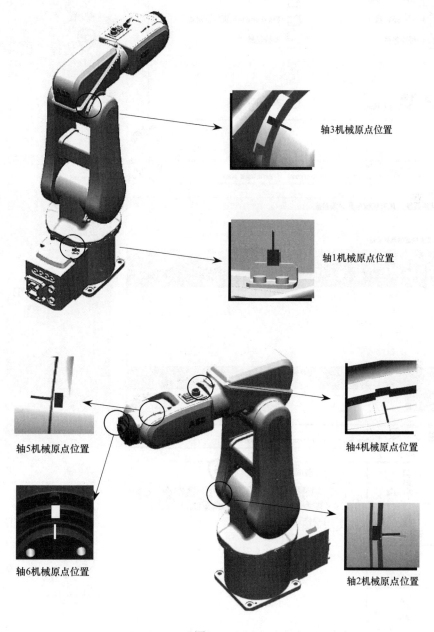

图　4-11

工业机器人 IRB120 转数计数器更新步骤如下：

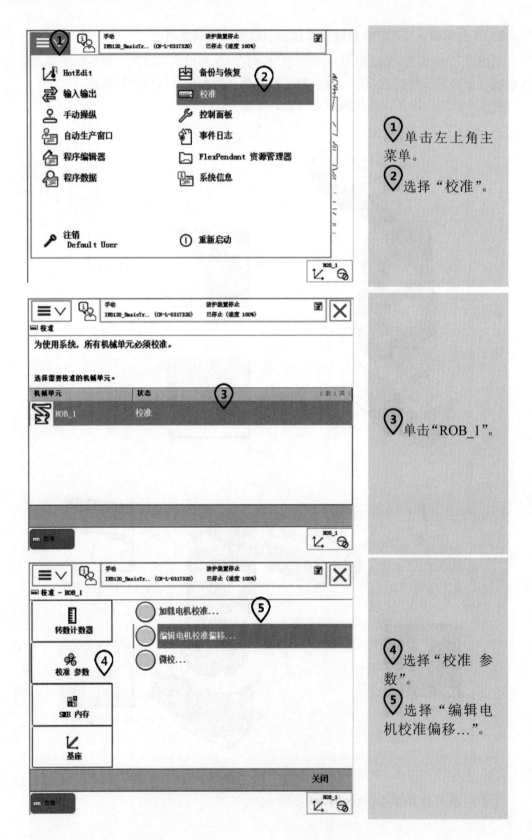

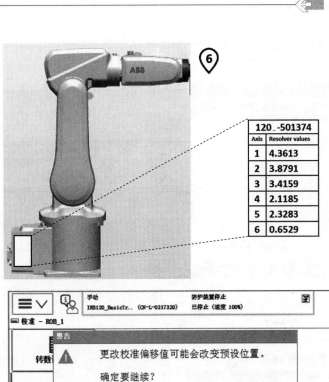

120_-501374	
Axis	Resolver values
1	4.3613
2	3.8791
3	3.4159
4	2.1185
5	2.3283
6	0.6529

⑥ 将工业机器人本体上电动机校准偏移数据记录下来。

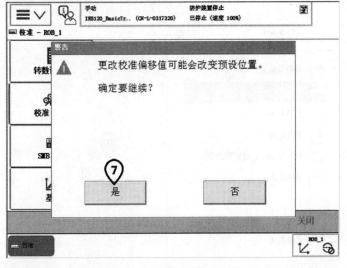

⑦ 单击"是"。

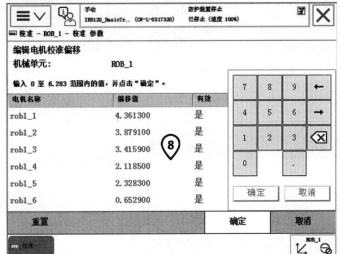

⑧ 输入刚才从工业机器人本体记录的电动机校准偏移数据,然后单击"确定"。如果示教器中显示的数值与工业机器人本体上的标签数值一致,则无须修改,直接单击"取消"退出,跳到第 12 步。

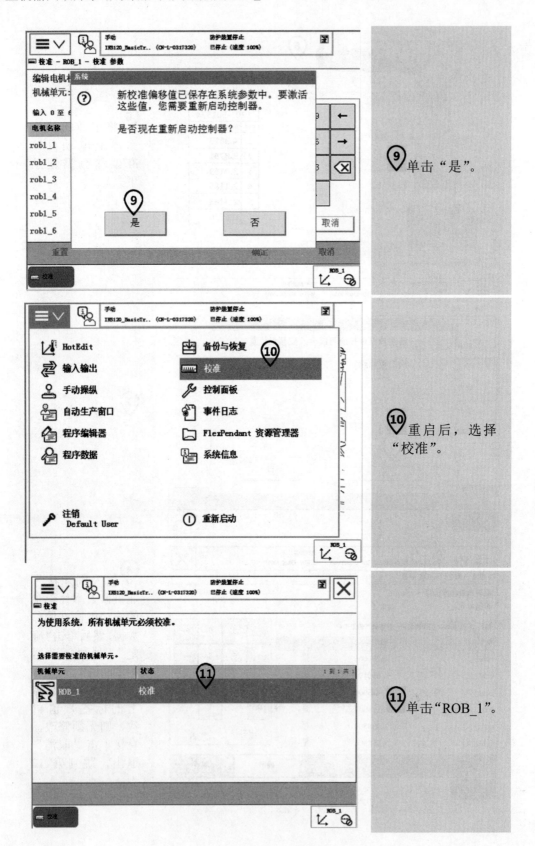

⑨ 单击"是"。

⑩ 重启后，选择"校准"。

⑪ 单击"ROB_1"。

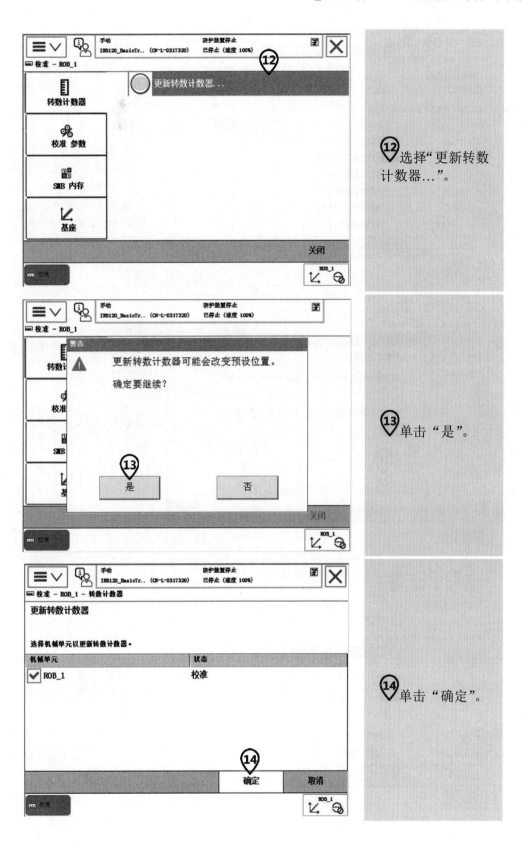

12 选择"更新转数计数器..."。

13 单击"是"。

14 单击"确定"。

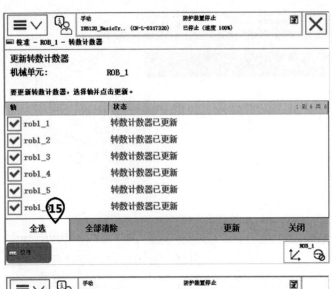

单击"全选"，然后单击"更新"。

KEY 如果工业机器人由于安装位置的关系，无法 6 个轴同时到达机械原点刻度位置，则可以逐一对关节轴进行转数计数器更新。

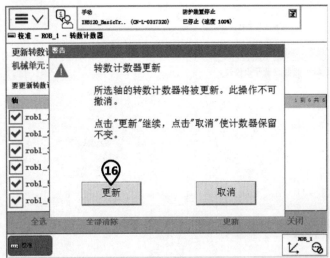

单击"更新"。

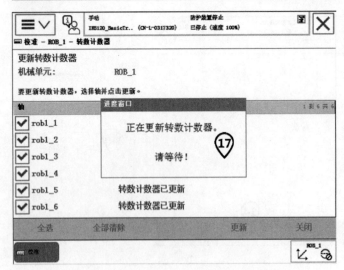

操作完成后，转数计数器更新完成。

任务 4-3　关节型工业机器人 IRB1200 的本体维护

工作任务

➢ 制订关节型工业机器人 IRB1200 的维护点检计划

➢ 对关节型工业机器人 IRB1200 实施维护点检计划

➢ 掌握工业机器人 IRB1200 的机械原点位置

➢ 掌握工业机器人 IRB1200 转数计数器更新的操作

1. 维护计划

必须对工业机器人进行定期维护以确保其功能正常。不可预测情形下的异常也应对机器人进行检查。在日常工业机器人的运行过程中也必须及时注意任何损坏。

设备点检是一种科学的设备管理方法，它是利用人的五官或简单的仪器工具，对设备进行定点、定期的检查，对照标准发现设备的异常现象和隐患，掌握设备故障的初期信息，以便及时采取对策，将故障消灭在萌芽阶段的一种管理方法。

接下来针对工业机器人 IRB1200 制订日点检表及定期点检表，见表 4-26 和表 4-27。

工业机器人 IRB1200 日点检表及定期点检表说明如下：

1）表 4-26 和表 4-27 中列出的是与工业机器人 IRB1200 本身直接相关的点检项目。

2）工业机器人一般不是单独存在于工作现场的，必然会有相关的周边设备。所以可以根据实际的情况将周边设备的点检项目添加到点检表中，以方便工作的开展。

2. 维护实施

➲ **定期点检项目 1：清洁工业机器人。**

关闭工业机器人的所有电源，然后再进入工业机器人的工作空间。

为保证较长的正常运行时间，务必定期清洁 IRB1200。清洁的时间间隔取决于工业机器人工作的环境。

根据 IRB1200 的不同防护类型，可采用不同的清洁方法。

ℹ️ **注意**：清洁之前务必确认工业机器人的防护类型。

表 4-26　IRB1200 日点检表

　年　　月

类别	编号	检查项目	要求标准	方法	1	2	3	4	5	6	7	8	9	10	11	12	13	14	15	16	17	18	19	20	21	22	23	24	25	26	27	28	29	30	31
日点检	1	工业机器人本体及控制柜，四周无清洁，杂物	无灰尘异物	擦拭																															
	2	保持通风良好	清洁无污染	测																															
	3	示教器屏幕显示是否正常	显示正常	看																															
	4	示教器控制器是否正常	正常控制工业机器人	试																															
	5	检查安全防护装置是否运作正常，急停按钮是否正常等	安全装置运作正常	测试																															
	6	气管、接头、气阀有无漏气	密封性完好，无漏气	听、看																															
	7	检查电动机运转声音是否异常	无异常声响	听																															
		确认人签字																																	

备注	日点检要求每日开工前进行。 设备点检、维护正常画"√"；使用异常画"△"；设备未运行画"/"。

表　4-27

IRB1200 定期点检表 ＿＿＿年

类别	编号	检查项目	1	2	3	4	5	6	7	8	9	10	11	12
定期① 点检	1	清洁工业机器人												
	2	检查工业机器人线缆②												
	3	检查轴 1 机械限位③												
	4	检查轴 2 机械限位③												
	5	检查轴 3 机械限位③												
		确认人签字												
每 12 个月	6	检查信息标签												
		确认人签字												
每 36 个月	7	检查同步带												
		确认人签字												
	8	更换电池组④												
		确认人签字												
备注		①"定期"意味着要定期执行相关活动，但实际的间隔可以不遵守工业机器人制造商的规定。此间隔取决于工业机器人的操作周期、工作环境和运动模式。通常，环境污染越严重，运动模式越苛刻（电缆线束弯曲越厉害），检查间隔越短。 ②工业机器人布线包含工业机器人与控制柜之间的布线。如果发现有损坏或裂缝，或即将达到寿命，应更换。 ③如果机械限位被撞到，应立即检查。 ④电池的剩余后备电量（工业机器人电源关闭）不足 2 个月时，将显示电池低电量警告（38213 电池电量低）。通常，如果工业机器人电源每周关闭 2 天，则新电池的使用寿命为 36 个月；而如果工业机器人电源每天关闭 16h，则新电池的使用寿命为 18 个月。对于较长时间的生产中断，通过电池关闭服务例行程序可延长电池使用寿命（大约 3 倍）。 设备点检、维护正常画"√"；使用异常画"△"；设备未运行画"/"。												

（1）注意事项

1）务必按照规定使用清洁设备。任何其他清洁设备都可能会缩短工业机器人的使用寿命。

2）清洁前，务必先检查是否所有保护盖都已安装到工业机器人上。

3）切勿进行以下操作：

①将清洗水柱对准连接器、接点、密封件或垫圈。

②使用压缩空气清洁工业机器人。

③使用未获工业机器人厂家批准的溶剂清洁工业机器人。

④喷射清洗液的距离低于 0.4m。

⑤清洁工业机器人之前，卸下任何保护盖或其他保护装置。

（2）清洁方法　表 4-28 规定了不同防护类型的 ABB 工业机器人 IRB1200 所允许的清洁方法。

1）用布擦拭：食品行业中高清洁等级的食品级润滑工业机器人在清洁后，确保没有液体流入工业机器人，以及滞留在缝隙或表面。

2）用水和蒸汽清洁：防护类型 IP67（选件）的 IRB1200 可以用水冲洗（水清洗器）的方法进行清洁。但需满足以下操作前提：

表 4-28

工业机器人防护类型	清 洁 方 法			
	真空吸尘器	用布擦拭	用水冲洗	高压水或高压蒸汽
标准版 IP40	可行	可行，使用少量清洁剂	不可以	不可以
IP67（选件）	可行	可行，使用少量清洁剂	可行，强烈建议在水中加入防锈剂溶液，并在清洁后对工业机器人进行干燥	不可以
洁净室版	可行	可行，使用少量清洁剂、酒精或异丙醇酒精	不可以	不可以

① 喷嘴处的最大水压不超过 7×10^5 Pa（7bar，标准的水龙头水压和水流）。

② 应使用扇形喷嘴，最小散布角度为 45°。

③ 从喷嘴到封装的最小距离为 0.4m。

④ 最大流量为 20L/min。

（3）电缆　可移动电缆应能自由移动。

1）如果沙、灰和碎屑等废弃物妨碍电缆移动，应将其清除。

2）如果发现电缆有硬皮，则应马上进行清洁。

➜ 定期点检项目 2：检查工业机器人线缆。

工业机器人布线包含工业机器人与控制柜之间的线缆，主要是电动机动力线缆、转数计数器线缆、示教器线缆和用户线缆（选配），如图 4-12 所示。

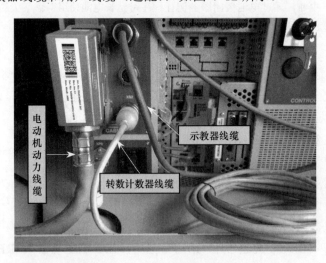

图　4-12

（1）所需工具和设备　目视检查，无须工具。

（2）检查工业机器人布线　使用表 4-29 所示操作程序检查工业机器人线缆。

表　4-29

序　号	操　作
1	⚠危险：进入工业机器人工作区域之前，关闭连接到工业机器人的所有： 1）工业机器人的电源 2）工业机器人的液压供应系统 3）工业机器人的气压供应系统
2	目测检查： 1）工业机器人与控制柜之间的控制线缆 2）查找是否有磨损、切割或挤压损坏
3	如果检测到磨损或损坏，则更换线缆

↘ 定期点检项目3～5：检查机械限位。

在轴1的运动极限位置有机械限位，轴2、轴3的运动极限位置有机械限位，用于限制轴运动范围以满足应用中的需要。为了安全要定期点检所有的机械限位是否完好，功能是否正常。

图4-13为轴1机械限位、轴2和轴3上的机械限位位置。

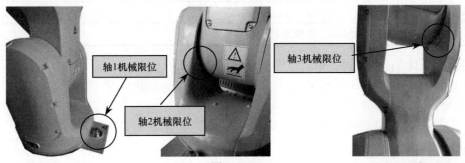

图　4-13

（1）所需工具和设备　目视检查，无须工具。

（2）检查机械停止限位　使用表4-30所示操作步骤检查轴1机械限位、轴2和轴3上的机械限位。

表　4-30

序　号	操　作
1	⚠危险：进入工业机器人工作区域之前，关闭连接到工业机器人的所有： 1）工业机器人的电源 2）工业机器人的液压供应系统 3）工业机器人的压缩空气供应系统
2	检查机械限位
3	机械限位出现以下情况时，应马上进行更换： 1）弯曲变形 2）松动 3）损坏 ℹ 注意：与机械限位的碰撞会导致齿轮箱的预期使用寿命缩短。在示教与调试工业机器人时要特别小心

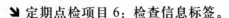

⬇ 定期点检项目6：检查信息标签。

工业机器人和控制器都贴有数个安全和信息标签，其中包含产品的相关重要信息。这些信息对所有操作机器人系统的人员都非常有用，特别是在安装、检修或操作期间。所以有必要维护好信息标签的完整。

（1）所需工具和设备　目视检查，无须工具

（2）检查标签　操作步骤见表4-31。

表 4-31

序　号	操　作	注　释
1	⚠ 危险：进入工业机器人工作区域之前，关闭连接到工业机器人的所有： 1）工业机器人的电源 2）工业机器人的液压供应系统 3）工业机器人的压缩空气供应系统	—
2	检查标签	参考任务1-2
3	补齐丢失的标签，更换所有受损的标签	—

⬇ 定期点检项目7：检查同步带。

同步带的位置如4-14图所示。

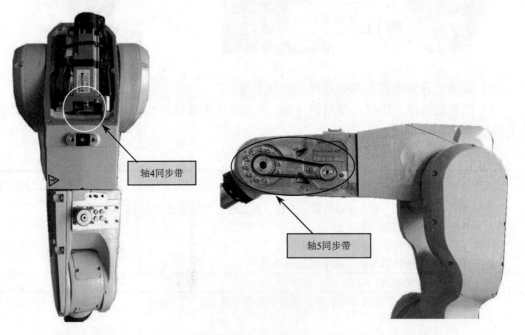

图 4-14

（1）所需工具和设备　2.5mm内六角圆头扳手，长110mm。

（2）检查同步带　使用表4-32所示操作步骤检查同步带。

表 4-32

序 号	操 作	注 释
1	⚠ 危险：进入工业机器人工作区域之前，关闭连接到工业机器人的所有： 1）工业机器人的电源 2）工业机器人的液压供应系统 3）工业机器人的压缩空气供应系统	—
2	卸除盖子即可看到每条同步带	—
3	检查同步带是否损坏或磨损	—
4	检查同步带轮是否损坏	—
5	如果检查到任何损坏或磨损，则必须更换该部件	—
6	检查每条同步带的张力。如果同步带张力不正确，应调整	轴 4：F=30N，轴 5：F=26N

定期点检项目 8：更换电池组。

电池的剩余后备电量（工业机器人电源关闭）不足 2 个月时，将显示电池低电量警告（38213 电池电量低）。通常，如果工业机器人电源每周关闭 2 天，则新电池的使用寿命为 36 个月；而如果工业机器人电源每天关闭 16h，则新电池的使用寿命为 18 个月。对于较长时间的生产中断，通过电池关闭服务例行程序可延长电池的使用寿命（大约提高使用寿命 3 倍）。

电池组的位置如图 4-15 所示。

（1）所需工具和设备　2.5mm 内六角圆头扳手，长 110mm；刀具。

（2）必需的耗材　塑料扎带。

（3）卸下电池组　使用以下操作卸下电池组。

1）拆卸电池组前的准备工作见表 4-33。

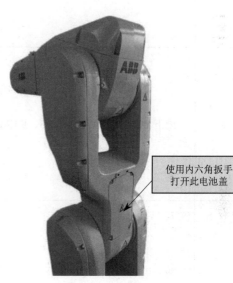

使用内六角扳手打开此电池盖

图 4-15

表 4-33

序 号	操 作	注 释
1	将工业机器人各个轴调至其机械原点位置	目的是有助于后续的转数计数器更新操作
2	⚠ 危险：进入工业机器人工作区域之前，关闭连接到工业机器人的所有： 1）工业机器人的电源 2）工业机器人的液压供应系统 3）工业机器人的压缩空气供应系统	—

2）卸下电池组的操作见表 4-34。

表 4-34

序　号	操　作	注　释
1	⚠ 危险：确保电源、液压和压缩空气都已经全部关闭	—
2	⚠ 静电放电：该装置易受 ESD 影响。在操作之前，请先阅读任务 1-2 中的安全标志与操作提示	—
3	⚠ 小心：对于洁净室版工业机器人，在拆卸工业机器人的零部件时，请务必使用刀具切割漆层以免漆层开裂，并打磨漆层毛边以获得光滑表面	—
4	卸下下臂连接器盖的螺钉并小心地打开盖子 ⚠ 小心：盖子上连着线缆	
5	拔下 EIB 单元的 R1.ME1-3、R1.ME4-6 和 R2.EIB 连接器	
6	断开电池线缆插头	
7	割断固定电池的线缆扎带，并从 EIB 单元取出电池 ℹ 注意：电池包含保护电路。应使用规定的备件或 ABB 认可的同等质量的备件进行更换	

（4）重新安装电池组　使用表 4-35 所示操作安装新的电池组。

表　4-35

序　　号	操　　作	注　　释
1	**静电放电**：该装置易受 ESD 影响。在操作之前，请先阅读任务 1-2 中的安全标志与操作提示	—
2	清洁洁净室版工业机器人已打开的接缝	—
3	安装电池并用线缆捆扎带固定 **注意**：电池包含保护电路。应使用规定的备件或 ABB 认可的同等质量的备件进行更换	
4	连接电池线缆插头	
5	将 R1.ME1-3、R1.ME4-6 和 R2.EIB 连接器连接到 EIB 单元 **小心**：不要搞混 R2.EIB 和 R2.ME2，否则轴 2 可能会严重受损。请查看连接器标签，了解正确的连接信息	R1.ME4-6 R2.EIB　R1.ME1-3
6	用螺钉将 EIB 盖装回到下臂	螺钉：M3mm×8mm 拧紧力矩：1.5N·m **注意**： 应使用原来的螺钉，切勿用其他螺钉替换
7	对洁净室版工业机器人密封处和盖子与本体的接缝进行涂漆处理 **注意**：完成所有维修工作后，用蘸有酒精的无绒布擦掉工业机器人上的颗粒物	—

（5）最后步骤　见表 4-36。

表　4-36

序　号	操　作
1	更新转数计数器
2	清洁洁净室版工业机器人打开的关节相关部位并将其涂漆 ℹ️ **注意**：完成所有维修工作后，用蘸有酒精的无绒布擦掉洁净室版工业机器人上的颗粒物
3	⚠️ **危险**：确保在执行首次试运行时，满足所有安全要求。这些内容在任务 1 中有详细说明

3. 工业机器人 IRB1200 机械原点位置及转数计数器更新

ABB 工业机器人 IRB1200 的 6 个关节轴都有一个机械原点位置，即各轴的零点位置。当系统设定的原点数据丢失后，需要进行转数计数器更新以便找回原点。

将 6 个轴都对准各自的机械原点标记，如图 4-16 所示。

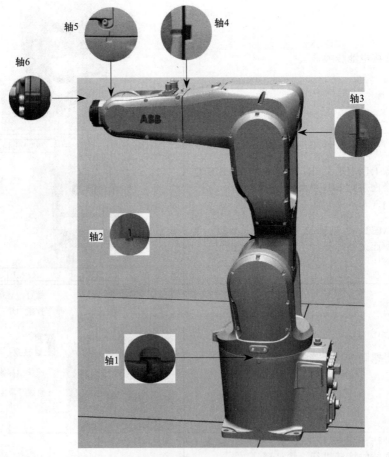

图　4-16

工业机器人 IRB1200 转数计数器的更新操作方法请参考任务 4-2 中的操作流程。

任务 4-4　关节型工业机器人 IRB1410 的本体维护

工作任务

➢ 制订关节型工业机器人 IRB1410 的维护点检计划

➢ 对关节型工业机器人 IRB1410 实施维护点检计划

➢ 掌握工业机器人 IRB1410 的机械原点位置

➢ 掌握工业机器人 IRB1410 转数计数器更新的操作

1. 维护计划

必须对工业机器人进行定期维护以确保其功能正常。不可预测情形下的异常也应对工业机器人进行检查。在日常工业机器人的运行过程中也必须及时注意任何损坏。

设备点检是一种科学的设备管理方法，它是利用人的五官或简单的仪器工具，对设备进行定点、定期的检查，对照标准发现设备的异常现象和隐患，掌握设备故障的初期信息，以便及时采取对策，将故障消灭在萌芽阶段的一种管理方法。

接下来针对工业机器人 IRB1410 制订日点检表及定期点检表，见表 4-37 和表 4-38。

工业机器人 IRB1410 日点检表及定期点检表说明如下：

1）表 4-37 和表 4-38 中列出的是与工业机器人 IRB1410 本身直接相关的点检项目。

2）工业机器人一般不是单独存在于工作现场的，必然会有相关的周边设备。所以可以根据实际的情况将周边设备的点检项目添加到点检表中，以方便工作的开展。

2. 维护实施

➥ 定期点检项目 1：清洁工业机器人。

关闭工业机器人的所有电源，然后再进入工业机器人的工作空间。

为保证较长的正常运行时间，务必定期清洁 IRB1410。清洁的时间间隔取决于工业机器人工作的环境。

根据 IRB1410 的不同防护类型，可采用不同的清洁方法。

ℹ️ 注意：清洁之前务必确认工业机器人的防护类型。

表 4-37 IRB1410 日点检表

年___月___

类别	编号	检查项目	要求标准	方法	1	2	3	4	5	6	7	8	9	10	11	12	13	14	15	16	17	18	19	20	21	22	23	24	25	26	27	28	29	30	31
日点检	1	工业机器人本体及控制柜清洁，四周无杂物	无灰尘无异物	擦拭																																
	2	保持通风良好	清洁无污染	测																																
	3	示教器屏幕显示是否正常	显示正常	看																																
	4	示教器控制器是否正常	正常控制工业机器人	试																																
	5	检查安全防护装置是否运作正常，急停按钮是否正常等	安全装置运作正常	测试																																
	6	气管、接头、气阀有无漏气	密封性完好，无漏气	听、看																																
	7	检查电动机运转声音是否异常	无异常声响	听																																
		确认人签字																																		
备注	日点检要求每日开工前进行。 设备点检、维护正常画"√"；使用异常画"△"；设备未运行画"○"。																																		

表　4-38

IRB1410 定期点检记录表　　　　　　　　　　　　　　　　　　＿＿＿年

类别	编号	检查项目	1	2	3	4	5	6	7	8	9	10	11	12
定期点检①	1	清洁工业机器人												
	2	检查工业机器人线缆②												
	3	检查轴 1 机械限位③												
		确认人签字												
每 6 个月	4	润滑弹簧关节												
		确认人签字												
每 12 个月	5	润滑轴 5、轴 6 齿轮												
		确认人签字												
	6	更换电池组④												
		确认人签字												
备注	①"定期"意味着要定期执行相关活动，但实际的间隔可以不遵守工业机器人制造商的规定。此间隔取决于工业机器人的操作周期、工作环境和运动模式。通常，环境污染越严重，运动模式越苛刻（电缆线束弯曲越厉害），检查间隔越短。 ②工业机器人布线包含工业机器人与控制柜之间的布线。如果发现有损坏或裂缝，或即将达到寿命，应更换。 ③如果机械限位被撞到，应立即检查。 ④电池的剩余后备电量（机器人电源关闭）不足 2 个月时，将显示电池低电量警告（38213 电池电量低）。通常，如果工业机器人电源每周关闭 2 天，则新电池的使用寿命为 36 个月；而如果工业机器人电源每天关闭 16h，则新电池的使用寿命为 18 个月。对于较长时间的生产中断，通过电池关闭服务例行程序可延长电池的使用寿命（大约 3 倍）。 设备点检、维护正常画"√"；使用异常画"△"；设备未运行画"/"。													

（1）注意事项

1）务必按照规定使用清洁设备。任何其他清洁设备都可能会缩短工业机器人的使用寿命。

2）清洁前，务必先检查是否所有保护盖都已安装到工业机器人上。

3）切勿进行以下操作：

①将清洗水柱对准连接器、接点、密封件或垫圈。

②使用压缩空气清洁工业机器人。

③使用未获工业机器人厂家批准的溶剂清洁工业机器人。

④喷射清洗液的距离低于 0.4m。

⑤清洁工业机器人之前，卸下任何保护盖或其他保护装置。

（2）清洁方法　表 4-39 规定了 ABB IRB1410 工业机器人所允许的清洁方法。

表 4-39

工业机器人 防护类型	清 洁 方 法			
	真空吸尘器	用布擦拭	用水冲洗	高压水或高压蒸汽
标准版	可行	可行，使用少量清洁剂	不可以	不可以

（3）电缆　可移动电缆应能自由移动：

1）如果沙、灰和碎屑等废弃物妨碍电缆移动，应将其清除。

2）如果发现电缆有硬皮，则应马上进行清洁。

➥ 定期点检项目 2：检查工业机器人线缆。

工业机器人布线包含工业机器人与控制柜之间的线缆，主要是电动机动力线缆、转数计数器线缆、示教器线缆和用户线缆（选配），如图 4-17 所示。

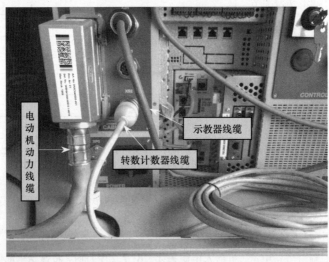

图　4-17

（1）所需工具和设备　目视检查，无须工具。

（2）检查工业机器人布线　使用表 4-40 所示操作程序检查工业机器人线缆。

表　4-40

序　号	操　　作
1	⚠️ **危险**：进入工业机器人工作区域之前，关闭连接到工业机器人的所有： 1）工业机器人的电源 2）工业机器人的液压供应系统 3）工业机器人的气压供应系统
2	目测检查： 1）工业机器人与控制柜之间的控制线缆 2）查找是否有磨损、切割或挤压损坏
3	如果检测到磨损或损坏，则更换线缆

定期点检项目 3：检查轴 1 机械限位。

在轴 1 的运动极限位置有机械限位，用于限制轴运动范围以满足应用中的需要。为了安全要定期点检轴 1 的机械限位是否完好，功能是否正常。

图 4-18 显示了轴 1 机械限位的位置。

轴1机械限位

图　4-18

（1）所需工具和设备　目视检查，无须工具。

（2）检查机械限位　步骤见表 4-41。

表　4-41

序　　号	操　　作
1	⚠ **危险**：进入工业机器人工作区域之前，关闭连接到工业机器人的所有： 1）工业机器人的电源 2）工业机器人的液压供应系统 3）工业机器人的压缩空气供应系统
2	检查机械限位
3	限位出现以下情况时，应马上进行更换： 1）弯曲变形 2）松动 3）损坏 ℹ **注意**：与机械限位的碰撞会导致齿轮箱的预期使用寿命缩短。在示教与调试工业机器人时要特别小心

定期点检项目 4：润滑弹簧关节。

工业机器人 IRB1410 的本体上有两条平衡弹簧，需要定期对弹簧两端活动的关节进行润滑。

弹簧关节的位置如图 4-19 所示。

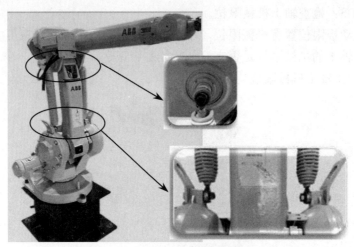

图 4-19

（1）所需工具和设备　黄油枪。

（2）弹簧关节润滑　步骤见表 4-42。

表 4-42

序　号	操　作	注　释
1	⚠ 危险：进入工业机器人工作区域之前，关闭连接到工业机器人的所有： 1）工业机器人的电源 2）工业机器人的液压供应系统 3）工业机器人的压缩空气供应系统	—
2	使用黄油枪对关节位置添加适当的黄油	

▶ **定期点检项目 5：润滑轴 5 和轴 6 齿轮。**

工业机器人 IRB1410 本体的轴 5 和轴 6 的齿轮需要定期进行润滑。

轴 5 和轴 6 加注油脂的位置如图 4-20 所示。轴 5 和轴 6 齿轮润滑步骤见表 4-43。

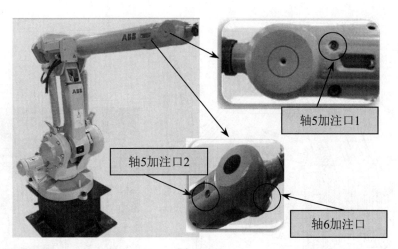

图 4-20

表 4-43

序　号	操　作	注　释
1	⚠ 危险：进入工业机器人工作区域之前，关闭连接到工业机器人的所有： 1）工业机器人的电源 2）工业机器人的液压供应系统 3）工业机器人的压缩空气供应系统	—
2	使用黄油枪对关节位置添加适当的黄油	

↘ **定期点检项目 6：更换电池组。**

电池的剩余后备电量（工业机器人电源关闭）不足 2 个月时，将显示电池低电量警告（38213 电池电量低）。通常，如果工业机器人电源每周关闭 2 天，则新电池的使用寿命为 36 个月；而如果工业机器人电源每天关闭 16h，则新电池的使用寿命为 18 个月。对于较长时间的生产中断，通过电池关闭服务例行程序可延长电池的使用寿命（大约提高使用寿命 3 倍）。

电池组的位置如图 4-21 所示。

（1）所需工具和设备

1）内六角圆头扳手、小号活动扳手；刀具。

2）电池：2 电极触点电池（3HAC16831-1），对应 SMB 单元 3HAC17396-1；3 电极触点电池（3HAC044075-001），对应 SMB 单元 3HAC046277-001。

（2）必需的耗材　塑料扎带。

（3）卸下电池组　使用以下操作卸下电池组。

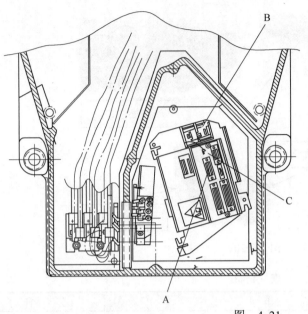

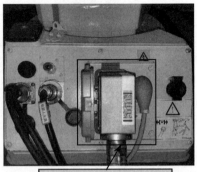

打开这个接头盖板就可以看到SMB板

图 4-21

A—SMB 信号插头　B—SMB 电池　C—SMB 电池插头

1）拆卸电池组前的准备工作见表 4-44。

表 4-44

序　号	操　作	注　释
1	将工业机器人各个轴调至其机械原点位置	目的是有助于后续的转数计数器更新操作
2	⚠ 危险：进入工业机器人工作区域之前，关闭连接到工业机器人的所有： 1）工业机器人的电源 2）工业机器人的液压供应系统 3）工业机器人的压缩空气供应系统	—

2）卸下电池组的操作见表 4-45。

表 4-45

序　号	操　作	注　释
1	⚠ 危险：确保电源、液压和压缩空气都已经全部关闭	—
2	⚠ 静电放电：该装置易受 ESD 影响。在操作之前，请先阅读任务 1-2 中的安全标志与操作提示	—
3	卸下与控制器连接的驱动电缆和信号电缆，用扳手拧开盖板上的 4 个螺钉	

（续）

序　号	操　作	注　释
4	小心打开盖板 ⚠ **小心**：盖子上连着线缆	
5	将电池接头从 SMB 电路板上拔下来	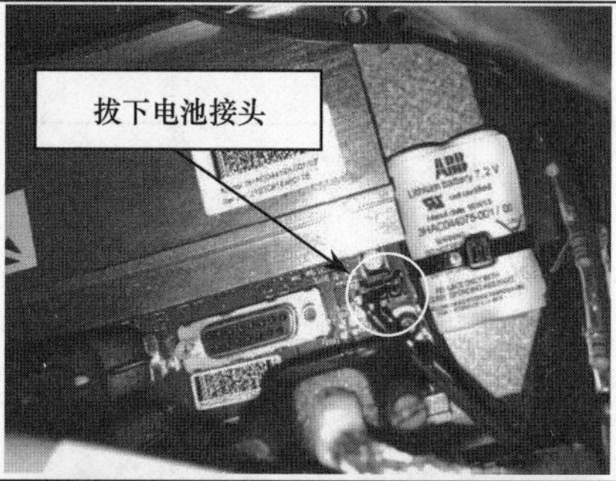 　拔下电池接头
6	割断固定电池的线缆扎带，并从 EIB 单元取出电池 ℹ **注意**：电池包含保护电路。应使用规定的备件或 ABB 认可的同等质量的备件进行更换	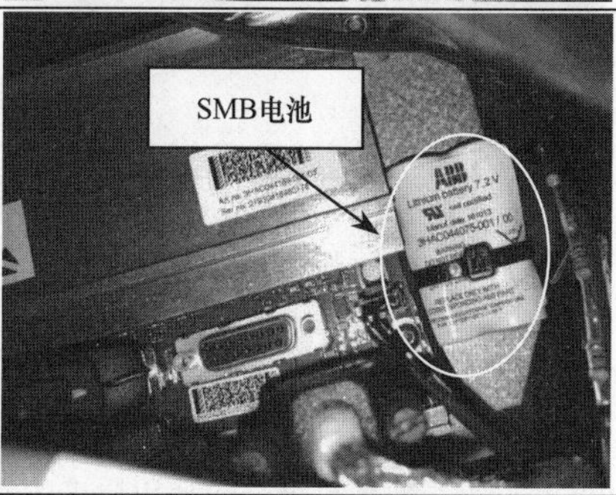 　SMB电池

3）重新安装电池组：使用表 4-46 所示操作安装新的电池组。

表　4-46

序　号	操　作	注　释
1	⚠ **静电放电**：该装置易受 ESD 影响。在操作之前，请先阅读任务 1-2 中的安全标志与操作提示	—
2	安装电池并用线缆捆扎带固定 ℹ **注意**：电池包含保护电路。应使用规定的备件或 ABB 认可的同等质量的备件进行更换	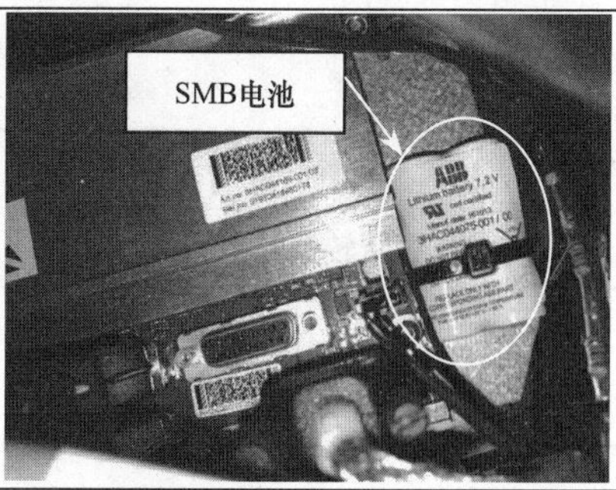 　SMB电池

（续）

序　号	操　作	注　释
3	插好电池连接插头	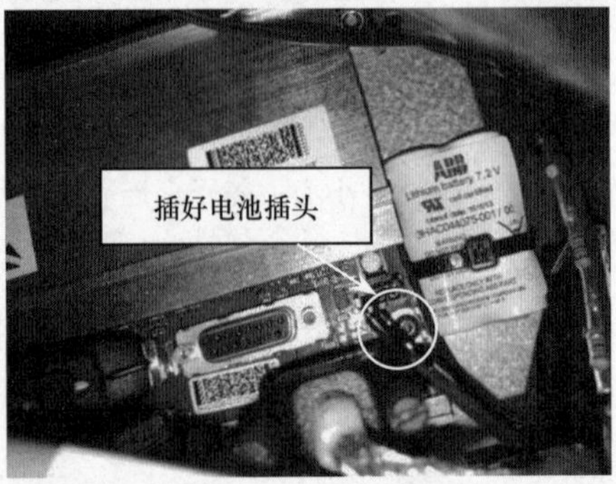 插好电池插头
4	将底座盖子重新安装好	
5	拧上 4 个螺钉，然后插好与控制器的驱动电缆和信号电缆接头 　注意：应使用原来的螺钉，切勿用其他螺钉替换	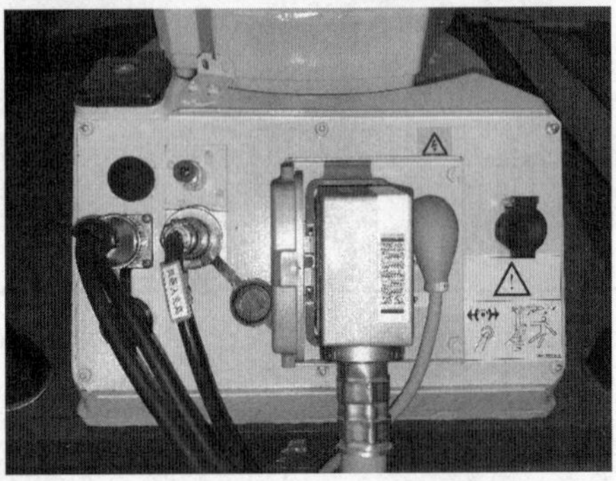

（4）最后步骤　见表 4-47。

表　4-47

序　号	操　作
1	更新转数计数器
2	⚠ 危险：确保在执行首次试运行时，满足所有安全要求。这些内容在任务 1-1 中有详细说明

3．IRB1410 工业机器人机械原点位置及转数计数器更新

ABB 工业机器人 IRB1410 的 6 个关节轴都有一个机械原点位置，即各轴的零点位置。当系统设定的原点数据丢失后，需要进行转数计数器更新以便找回原点。

将 6 个轴都对准各自的机械原点标记，如图 4-22 所示。

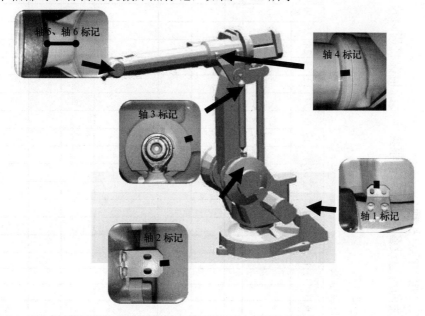

图 4-22

工业机器人 IRB1410 转数计数器的更新操作方法请参考任务 4-2 中的操作流程。

任务 4-5 并联型工业机器人 IRB360 的本体维护

工作任务

- ➤ 制订并联型工业机器人 IRB360 的维护点检计划
- ➤ 对并联型工业机器人 IRB360 实施维护点检计划
- ➤ 掌握工业机器人 IRB360 的机械原点位置
- ➤ 掌握工业机器人 IRB360 转数计数器更新的操作

1．维护计划

必须对工业机器人进行定期维护以确保其功能正常。不可预测情形下的异常也应对工业机器人进行检查。在日常工业机器人的运行过程中也必须及时注意任何损坏。

设备点检是一种科学的设备管理方法，它是利用人的五官或简单的仪器工具，对设备进行定点、定期的检查，对照标准发现设备的异常现象和隐患，掌握设备故障的初期信息，以便及时采取对策，将故障消灭在萌芽阶段的一种管理方法。

接下来针对工业机器人 IRB360 制订日点检表及定期点检表，见表 4-48 和表 4-49。

工业机器人 IRB360 日点检表及定期点检表说明如下：

1) 表 4-48 和表 4-49 中列出的是与工业机器人 IRB360 本身直接相关的点检项目。

2) 工业机器人一般不是单独存在于工作现场的，必然会有相关的周边设备。所以可以根据实际的情况将周边设备的点检项目添加到点检表中，以方便工作的开展。

表 4-48
IRB360 日点检表

年__月

类别	编号	检查项目	要求标准	方法	1	2	3	4	5	6	7	8	9	10	11	12	13	14	15	16	17	18	19	20	21	22	23	24	25	26	27	28	29	30	31
日点检	1	工业机器人本体及控制柜清洁，四周无杂物。	无灰尘异物	擦拭																															
	2	保持通风良好	清洁无污染	测																															
	3	示教器屏幕显示是否正常	显示正常	看																															
	4	示教器控制器是否正常	正常控制工业机器人	试																															
	5	检查安全防护装置是否运作正常，急停按钮是否正常等	安全装置运作正常	测试																															
	6	气管、接头、气阀有无漏气	密封性完好，无漏气	听、看																															
	7	检查电动机运转声音是否异常	无异常声响	听																															
	8	检查磨损和污染情况（仅限洁净室版业机器人）	无异常磨损和污染	看																															
		确认人签字																																		

备注：日点检要求每日开工前进行。设备点检、维护正常画"√"；使用异常画"△"；设备未运行画"/"。

表 4-49

IRB360 定期点检表 ____年

类别	编号	检查项目	1	2	3	4	5	6	7	8	9	10	11	12
定期[1] 点检	1	清洁工业机器人												
		确认人签字												
每6 个月	2	检查轴 4——伸缩轴[2]												
	3	检查连杆机构												
	4	检查弹簧组件[3]												
	5	检查真空系统（选配）												
		确认人签字												
每24 个月	6	检查球铰链												
	7	检查上臂系统												
	8	检查活动板												
		确认人签字												
每36 个月	9	更换轴 1、轴 2、轴 3 齿轮箱润滑油[4]												
	10	更换轴 4 齿轮箱润滑油[5]												
		确认人签字												
	11	更换 SMB 电池[6]												
		确认人签字												
备注	[1] "定期"意味着要定期执行相关活动，但实际的间隔可以不遵守工业机器人制造商的规定。此间隔取决于工业机器人的操作周期、工作环境和运动模式。通常，环境污染越严重，运动模式越苛刻，检查间隔越短。 [2] IRB360 有以下版本： 　　标准版（Standard，Std），防护等级 IP54； 　　冲洗版（Wash-Down，WD），防护等级 IP67； 　　不锈钢冲洗版（Wash-Down Stainless，WDS），防护等级 IP69K； 　　洁净室版、不锈钢洁净室版（Clean Room、Stainless Clean Room），防护等级 IP54。 [3] 如果弹簧组件有刺耳的摩擦声，需要更换。 [4] 首次使用 30000h 后需要更换润滑油。 [5] 首次使用 30000h 后需要更换润滑油。 [6] 电池的剩余后备电量（工业机器人电源关闭）不足 2 个月时，将显示电池低电量警告（38213 电池电量低）。通常，如果工业机器人电源每周关闭 2 天，则新电池的使用寿命为 36 个月；而如果工业机器人电源每天关闭 16h，则新电池的使用寿命为 18 个月。对于较长时间的生产中断，通过电池关闭服务例行程序可延长电池的使用寿命（大约 3 倍）。 　　设备点检、维护正常画"√"；使用异常画"△"；设备未运行画"/"。														

2. 维护实施

➥ **定期点检项目1：清洁工业机器人。**

关闭工业机器人的所有电源，然后再进入工业机器人的工作空间。

为保证较长的正常运行时间，务必定期清洁IRB360。清洁的时间间隔取决于工业机器人工作的环境。根据IRB360的不同防护类型，可采用不同的清洁方法。

> ℹ **注意**：清洁之前务必确认工业机器人的防护类型。

（1）注意事项

1）务必按照规定使用清洁设备。任何其他清洁设备都可能会缩短工业机器人的使用寿命。

2）清洁前，务必先检查是否所有保护盖都已安装到工业机器人上。

3）切勿进行以下操作：

① 将清洗水柱对准连接器、接点、密封件或垫圈。

② 使用压缩空气清洁工业机器人。

③ 使用未获工业机器人厂家批准的溶剂清洁工业机器人。

④ 喷射清洗液的距离低于0.4m。

⑤ 清洁工业机器人之前，卸下任何保护盖或其他保护装置。

（2）清洁方法　表4-50规定了不同防护类型的ABB工业机器人IRB360所允许的清洁方法。

表　4-50

工业机器人防护类型	清洁方法				
	真空吸尘器	用布擦拭	用水冲洗	高压水或高压蒸汽	清洁剂
标准版	可行	可行	不可以	不可以	不可以
冲洗版	可行	可行	可行，强烈建议在水中加入防锈剂溶液	可行	可行
不锈钢冲洗版	可行	可行	可行，强烈建议在水中加入防锈剂溶液	可行	可行
洁净室版	可行	可行	不可以	不可以	不可以

1）用布擦拭：食品行业中高清洁等级的食品级润滑工业机器人在清洁后，确保没有液体流入工业机器人，以及滞留在缝隙或表面。

2）用水冲洗：冲洗版和不锈钢冲洗版的工业机器人IRB360可以采用水冲洗（水清洗器）的方法进行清洁。但需满足以下操作前提：

① 喷嘴处的最大水压不超过7×10^5Pa（7bar，标准的水龙头水压和水流）。

② 应使用扇形喷嘴，最小散布角度为45°。

③ 从喷嘴到封装的最小距离为0.4m。

④ 最大流量为20L/min。

3）高压水或高压蒸汽清洁：冲洗版和不锈钢冲洗版的工业机器人IRB 360可以采用高

压水或高压蒸气冲洗的方法进行清洁。但需满足以下操作前提：

① 喷嘴处的最大水压为 2.5×10⁶Pa（25bar）。

② 应使用风扇喷嘴，最小散布角度为 45°。

③ 从喷嘴到封装的最小距离为 0.4m。

④ 最高水温为 80℃。

工业机器人 IRB360 敏感位置如图 4-23 所示，建议避免直接冲洗。

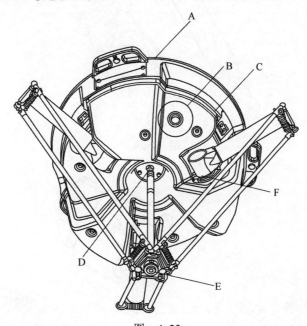

图 4-23

A—基座密封盖 B—刹车释放按钮 C—传动密封盖 D—轴 4 密封圈 E—活动板 F—上臂密封圈

↘ 定期点检项目 2：检查轴 4——伸缩轴。

所需标准工具见表 4-51。

表 4-51

工　具	数　量
活动扳手 7～35mm	1
六角扳手一套	1
扭力扳手 4～33N·m	1
小旋具	1
塑料锤	1
棘轮头	1
截止钳	1
水平仪	1

IRB360 关节轴 4 有两种结构，其中标准版如图 4-24 所示。

IRB 360 关节轴 4 的冲洗版、不锈钢冲洗版、洁净室版如图 4-25 所示。

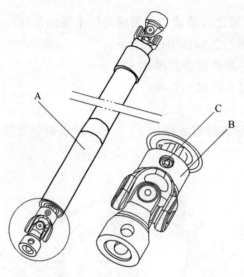

图 4-24

A—伸缩轴（标准版） B—万向接头 C—紧固螺钉

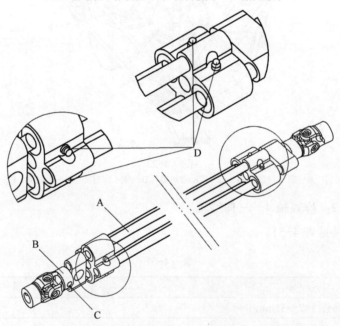

图 4-25

A—伸缩轴（不锈钢冲洗版） B—万向接头 C—紧固螺钉 D—油脂嘴（ϕ3mm）

检查轴 4 的操作步骤见表 4-52。

表 4-52

序　号	操　　作	注　　释
1	移除掉与活动板相连的所有连杆部件	移除连杆时要多加小心
2	检查万向接头有无磨损	—
3	朝着各个方向移动活动板，检查是否有阻碍万向接头运动的问题	—

定期点检项目 3：检查连杆机构。

连杆机构如图 4-26 所示。

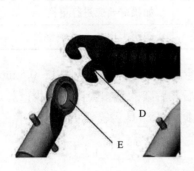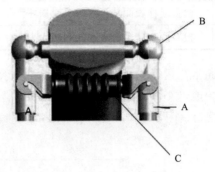

图　4-26

A—连杆　B—球轴承　C—弹簧装置　D—弹簧装置钩爪　E—球轴承套

工业机器人默认交付时，装备的球轴承套货号为 3HAC028087-001（白色），该型号是免维护处理的。但若因特殊工况需求在交付后会更换成 3HAC2091-1（灰色），则该型号需要定期进行润滑处理。

⚠ **危险**：在进入工业机器人工作范围内前，必须断开所有电源、液压源、气源。

注释：球轴承套的磨损取决于负载、运动周期数量和工作环境，碰撞可能会造成其损害；此外，不要在连杆本体上使用任何油脂类物质。

ℹ **注意**：操作弹簧装置时，要注意安全。

碰撞后或者连杆掉落后需要执行表 4-53 所示维护操作。

表　4-53

序　号	操　　作	注　　释
1	检查球轴承套损坏程度	如果损坏影响正常使用，应进行更换
2	检查球轴承套内的污染物或者残留的油脂	如果需要则利用乙醇酒精清洗球轴承套
3	润滑球轴承套[若使用 3HAC2091-1（灰色）]	可使用润滑脂 Mobilgrease FM 102 和 Optimol Obeen UF 2

每运行 500h 或连续 1 年需要执行表 4-54 所示维护操作。

表　4-54

序　号	操　　作	注　　释
1	检查球轴承套活动时是否有刺耳的声音	如果需要应进行更换
2	润滑球轴承套[若使用 3HAC2091-1（灰色）]	可使用润滑脂 Mobilgrease FM 102 和 Optimol Obeen UF 2

每运行 4000h 或连续 2 年需要执行表 4-55 所示维护操作。

表　4-55

序　号	操　作	注　释
1	检查连杆表面是否有裂缝或损坏	如果需要应进行更换
2	检查两个球轴承之间的间距大小	间距大小参考表 4-56

注释： 通常在运行的第一个小时内，球轴承会磨损较大（一般为 0.1～0.5mm），同时也可能因为灰尘或者小颗粒造成磨损，经初次磨合后，后续的磨损会大大减少；测量两个球轴承之间的距离 A（图 4-27），参考表 4-56 中的数据，检验是否需要更换球轴承套。

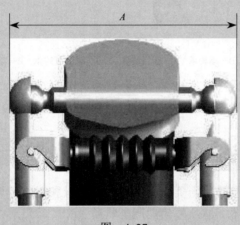

图　4-27

表　4-56　　　　　　　　　　（单位：mm）

工业机器人型号	间距 A		
	初始值	需要更换的参考值	报废值
IRB 360—1/1130	126（Std）	<125（Std）	124
IRB 360—3/1130 IRB 360—1/800 IRB 360—1/1600	130（WDS）	<129（WDS）	128（WDS）
IRB 360—8/1130 IRB 360—6/1600	130	<129	128（WDS）

ℹ️ 注意： 当球轴承之间的距离达到报废值时，需要立即更换球轴承套，若仍然运行，则可能对连杆系统造成永久的损坏。

↳ 定期点检项目 4：检查弹簧组件。

弹簧组件有两种样式：

1）IRB 360—1/1130，IRB 360—3/1130，IRB 360—1/800，IRB 360—1/1600，如图 4-28 所示。

2）IRB 360—8/1130，IRB 360—6/1600，如图 4-29 所示。

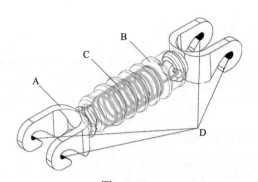

图 4-28

A—挂钩　B—弹簧　C—球型管　D—润滑点

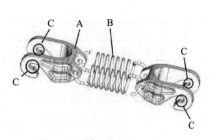

图 4-29

A—挂钩　B—弹簧　C—润滑点

每运行 500h 需要执行表 4-57 所示维护操作。

表　4-57

序　号	操　作	注　释
1	检查挂钩是否有磨损	如果需要应进行更换
2	检查运动过程中弹簧组件是否有刺耳的声音	对图 4-28、图 4-29 所示润滑点进行润滑处理

➡ **定期点检项目 5：检查真空系统**（可选选项或用户自配，标配中没有此配置）。

在工业机器人上一般会安装真空系统相关组件，如气管、气管夹、真空发生器、空气过滤器等，需要定期对其进行维护处理，如图 4-30 所示。

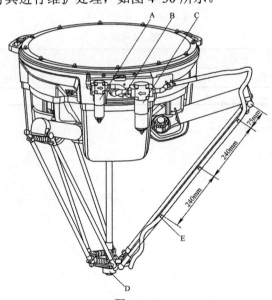

图　4-30

A—过滤器，进气端　B—真空发生器　C—过滤器，真空端　D—旋转关节　E—气管及气管夹

每运行 500h 需要执行表 4-58 所示维护操作。

表　4-58

序　号	操　作	注　释
1	对管路进行充气，检查气管是否有褶皱或破损	如果需要应进行更换
2	修正气管夹位置	气管夹位置参考图 4-30
3	检查气源是否干燥、干净，对过滤器进行清理	气源中颗粒大小不得超过 5μm

每运行 4000h 或连续 2 年需要执行表 4-59 所示维护操作。

表 4-59

序　号	操　作	注　释
1	更换气动阀门	气动阀门生命周期为运行 400 万次

↘ **定期点检项目 6：检查球铰链。**

每运行 4000h 或连续 2 年需要执行表 4-60 所示维护操作。

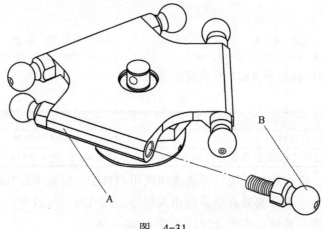

图　4-31
A—活动板　B—球铰链

表　4-60

序　号	操　作	注　释
1	检查球铰链表面是否有裂缝或毛刺	如果有问题应进行更换

↘ **定期点检项目 7：检查上臂系统。**

上臂系统如图 4-32。

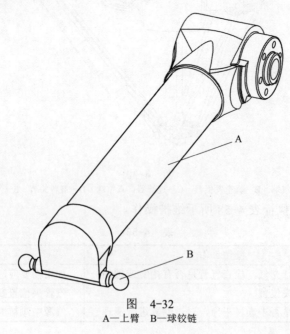

图　4-32
A—上臂　B—球铰链

每运行 4000h 或连续 2 年需要执行表 4-61 所示维护操作。

表   4-61

序　号	操　　作	注　　释
1	检查上臂表面是否有裂缝	如果有问题应进行更换
2	检查球铰链表面是否有裂缝或毛刺	如果有问题应进行更换

定期点检项目 8：检查活动板。

活动板如图 4-33 所示。

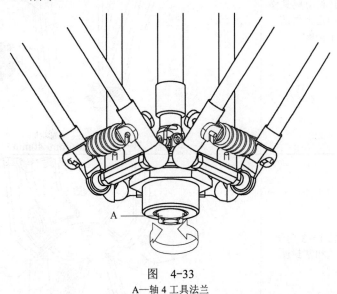

图   4-33

A—轴 4 工具法兰

注意：在没有释放刹车时，千万不要强行转动末端。

每运行 4000h 或 24 个月，需要执行表 4-62 所示维护操作。

表   4-62

序　号	操　　作	注　　释
1	释放刹车按钮	释放刹车时要格外小心
2	手动转动轴 4，检查旋转是否流畅	如有问题，应进行更换

定期点检项目 9：更换轴 1、轴 2、轴 3 齿轮箱润滑油。

每运行 30000h 或者 36 个月需要更换关节轴 1～3 的润滑油，具体操作见表 4-63。

表   4-63

序　号	操　　作	注　　释
1	移除基座顶盖	
2	移除轴 1～3 连杆	
3	移除轴 4 伸缩杆	

（续）

序　号	操　作	注　释
4	移除轴1～3的VK盖，并且利用旋具移除用于固定上臂的螺钉和平垫圈	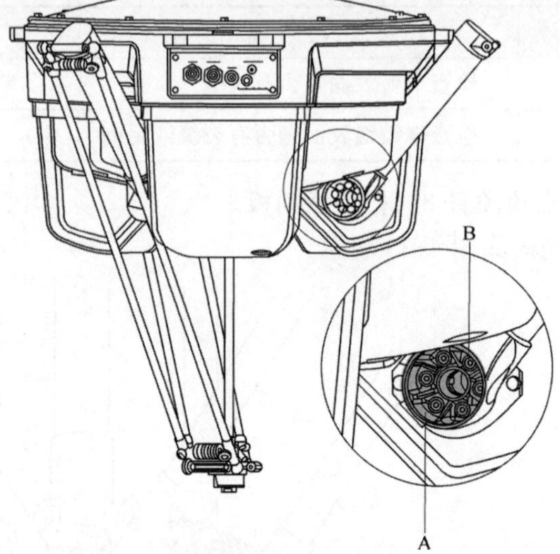 A—VK盖　B—螺钉（M6mm×40mm）和平垫圈
5	移除轴1～3用于固定法兰和密封圈的螺钉	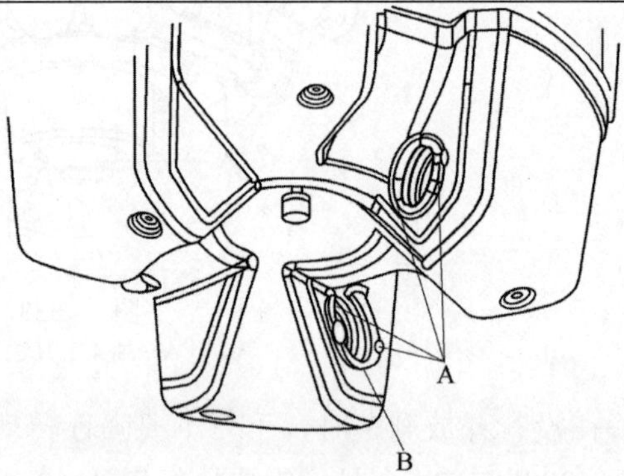 A—螺钉（M6mm×20mm）　B—关节轴
6	移除轴4的螺钉、法兰盖、法兰垫圈和密封圈	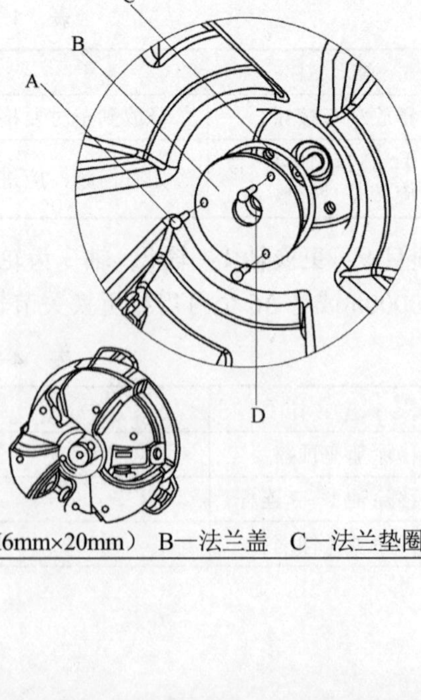 A—螺钉（M6mm×20mm）　B—法兰盖　C—法兰垫圈　D—密封圈

（续）

序　号	操　作	注　　释
7	移除螺钉和齿轮箱盖	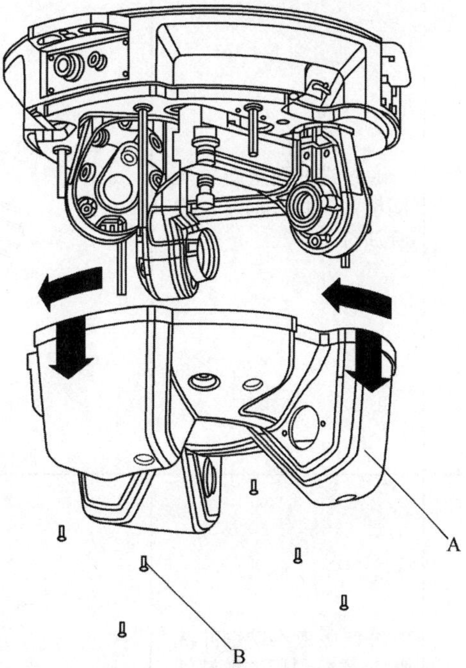 A—齿轮箱盖　B—螺钉（M6mm×20mm）
8	移除磁性插头，将齿轮箱中的润滑油排空	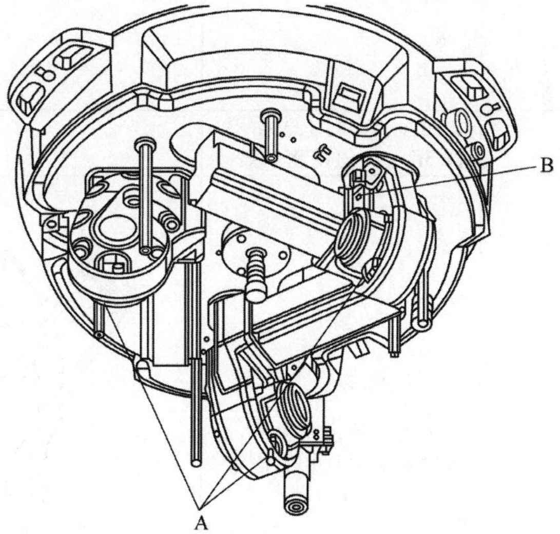 A—磁性插头　B—油位观察孔
9	在重新安装之前清理磁性插头	—
10	重新安装磁性插头	拧紧力矩为 10～12N·m 检查密封圈是否损坏，若需要应更换

（续）

序　号	操　作	注　释
11	通过进油孔重新加入润滑油，移除油塞，检查油位	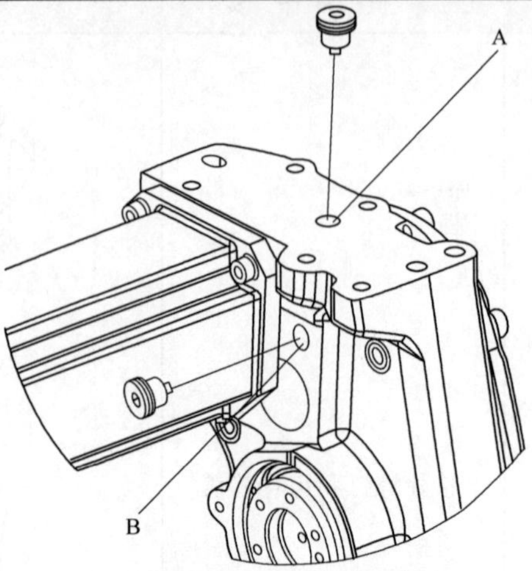 A—进油孔　B—油位观察孔 润滑油型号：Mobil SHC Cibus 220；820mL
12	冲洗版或不锈钢冲洗版，需要利用乙醇清洗齿轮箱盖密封上表面	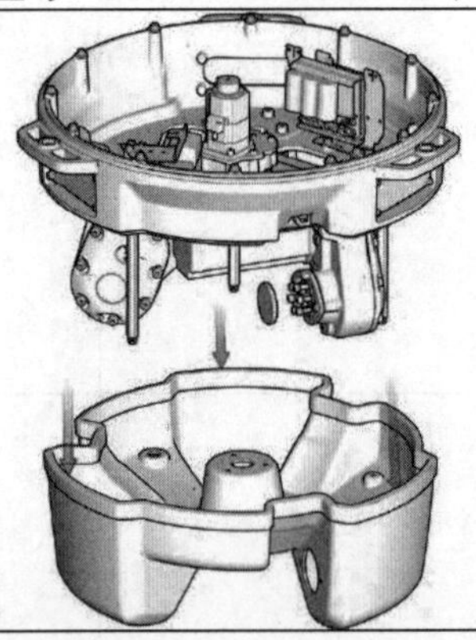
13	在盖子密封上表面涂抹 5mm 聚氨酯密封胶	—
14	重新安装齿轮箱盖，拧紧螺钉时使用紧固液（Loctite 243）	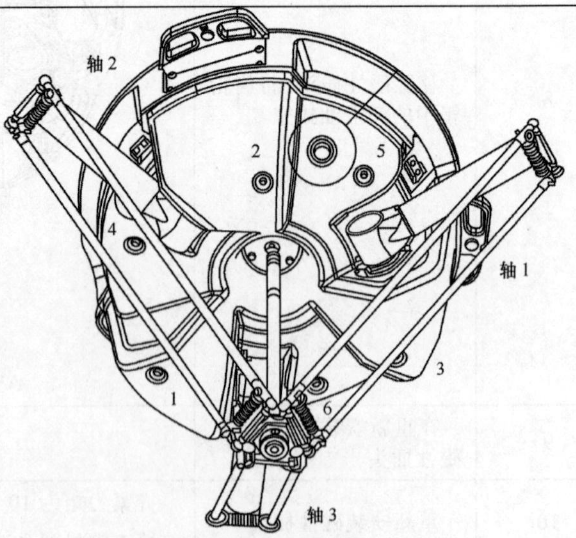 螺钉拧紧力矩为4N·m

（续）

序　号	操　作	注　释
15	重新安装齿轮箱盖后，检查聚氨酯密封胶是否全部填满缝隙，如右图 B 所示，若未完全填满，则重新拆除填充	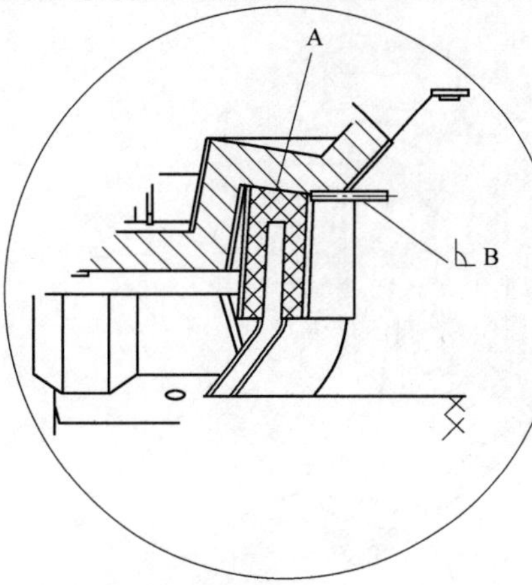 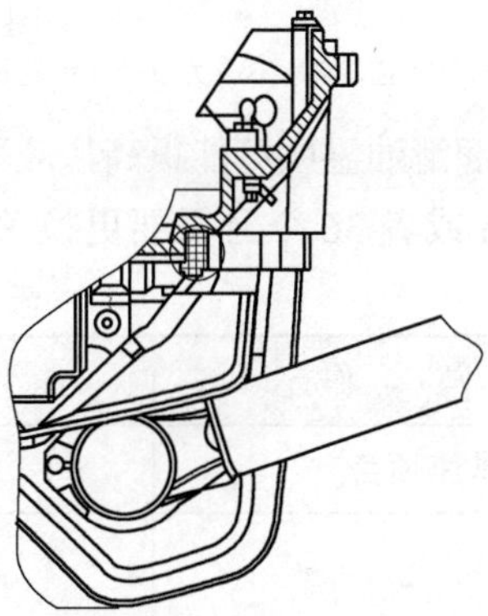 A、B—密封胶涂胶位置示意，A 处薄一些，B 处厚一些
16	重新安装法兰、法兰密封圈，并使用紧固液（Loctite 243）	拧紧力矩 4N·m
17	重新安装上臂密封圈，并使用紧固液（Loctite 243），如右图 A、B 所示位置	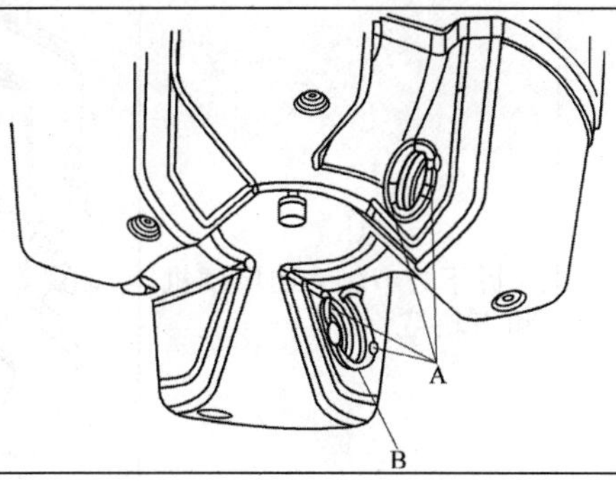
18	重新安装上臂，并使用紧固液（Loctite 243）	—
19	重新安装 VK 盖，并使用紧固液（Loctite 243）	—
20	重新安装连杆	—
21	重新安装伸缩轴	—
22	重新安装基座顶盖	—

➜ **定期点检项目 10：更换轴 4 齿轮箱润滑油。**

工业机器人 IRB360 各关节轴齿轮箱位置如图 4-34 所示。

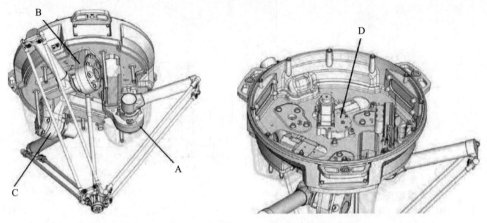

图 4-34

A—关节轴 1 齿轮箱　B—关节轴 2 齿轮箱　C—关节轴 3 齿轮箱　D—关节轴 4 齿轮箱

⚠ **警告：** 齿轮箱润滑油温度可能很高，应采用环保和合理的方式收集里面的润滑油。

每运行 30000h 或者 36 个月需要更换关节轴 4 的润滑油，具体步骤见表 4-64。

表　4-64

序　号	操　作	注　释
1	移除基座顶盖	—
2	拆下关节轴 4 的电动机和齿轮箱	A—关节轴 4 电动机单元　B—螺钉（M6mm×25mm）和平垫圈　C—关节轴 4 齿轮箱单元　D—密封圈

（续）

序　号	操　作	注　释
3	移除油塞，将轴 4 齿轮箱中的润滑脂排空	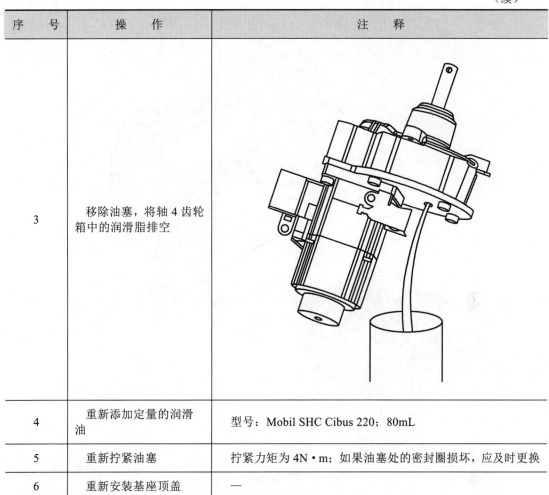
4	重新添加定量的润滑油	型号：Mobil SHC Cibus 220；80mL
5	重新拧紧油塞	拧紧力矩为 4N·m；如果油塞处的密封圈损坏，应及时更换
6	重新安装基座顶盖	—

▶ **定期点检项目 11：更换 SMB 电池。**

电池的剩余后备电量（工业机器人电源关闭）不足 2 个月时，将显示电池低电量警告（38213 电池电量低）。通常，如果工业机器人电源每周关闭 2 天，则新电池的使用寿命为 36 个月；而如果工业机器人电源每天关闭 16h，则新电池的使用寿命为 18 个月。对于较长时间的生产中断，通过电池关闭服务例行程序可延长电池的使用寿命（大约提高使用寿命 3 倍）。

工业机器人 IRB360 的 SMB 电池位置如图 4-35 所示。

注释：由于版本原因，工业机器人 IRB360 有两种不同类型的 SMB 板卡及电池单元（图 4-36），一种为 DSQC 633A 模块，是 2 脚插头；另外一种 RMU 101 模块，是 3 脚插头，通常 3 脚插头的电池生命周期更长。在更换电池单元时，一定要注意 SMB 板卡的版本，以便于选择正确的电池组。

工业机器人 IRB360 的基座顶盖如图 4-37 所示。

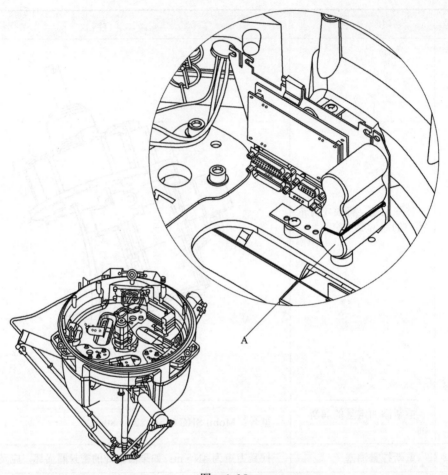

图 4-35

A—SMB 电池

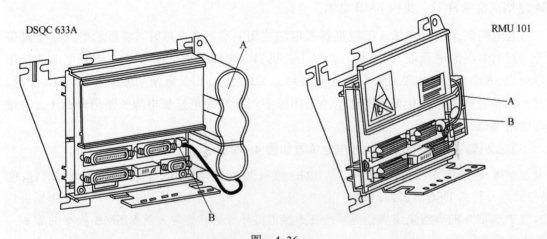

图 4-36

A—电池 B—电池插头（DSQC 633A 为 2 脚插头，RMU 101 为 3 脚插头）

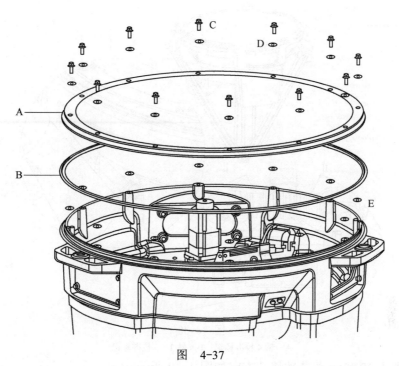

图　4-37

A—基座顶盖　B—圆形密封圈　C—螺钉 M6mm×20mm（12 个）　D—塑料垫圈（12 个）　E—橡胶垫片（12 个）

更换 SMB 电池的具体操作见表 4-65。

表　4-65

序　号	操　　作	注　　释
1	关闭所有电源、液压源和气源	—
2	移除顶盖 12 个螺钉	图 4-37
3	移除顶盖	—
4	断开电池组合 SMB 之间的接头	—
5	切断绑定电池组的扎带，移除电池组	移除的电池组不能乱扔，必须作为危险废弃物处理
6	将新电池组与 SMB 连接	—
7	重新利用扎带将电池组固定	—
8	检查垫片是否损坏	如需要请进行更换
9	重新利用 12 个螺钉紧固顶盖	—
10	重新上电，更新转数计数器	—

3. 工业机器人 IRB360 机械原点位置及转数计数器更新

ABB 工业机器人 IRB360 的 4 个关节轴都有一个机械原点位置，即各轴的零点位置。当系统设定的原点数据丢失，需要进行转数计数器更新以便找回原点。

工业机器人 IRB360 原点位置和更新方式与串联结构工业机器人区别较大。

工业机器人 IRB360 关节轴机械原点位置如图 4-38 所示。

工业机器人 IRB360 轴 1～3 不能同时到达机械原点位置，所以在校准操作时是逐一对每一个轴进行校准，顺序是轴 1—2—3—4。

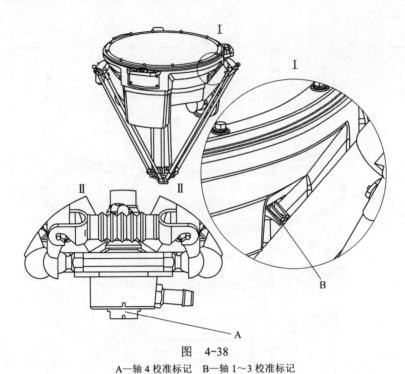

图　4-38

A—轴 4 校准标记　B—轴 1～3 校准标记

工业机器人 IRB360 关节轴移动方向如图 4-39 所示。

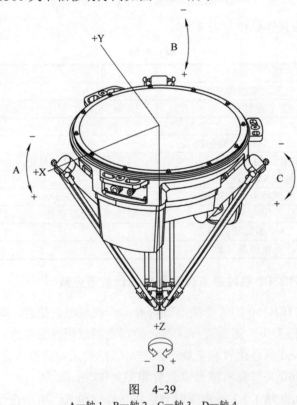

图　4-39

A—轴 1　B—轴 2　C—轴 3　D—轴 4

工业机器人 IRB360 转数计数器更新步骤见表 4-66。

表　4-66

序　号	操　作	注　释
1	从示教器上确保工业机器人程序已停止	
2	从控制柜上将工业机器人切换至手动模式	
3	检查控制柜上电动机上电按钮，确保是闪烁状态	
4	按下工业机器人腹部的刹车释放按钮	A—刹车释放按钮
5	手动将轴 1 上臂轻轻地推动到校准装置	A—校准装置

（续）

序　号	操　作	注　释
6	到达校准装置后，松开刹车释放按钮	—
7	在示教器上校准菜单，转数计数器更新界面，更新轴1	示教器操作步骤可参考任务4-2中的相关说明
8	在此按下刹车释放按钮，将轴1上臂轻轻地移动至接近水平位置	—
9	重复步骤4~8，完成轴2、轴3的转数计数器更新	—
10	示教中，手动操纵界面，动作模式切换为"单轴4-6"，利用摇杆移动轴4	—
11	将轴4移动至校准标记位置	 A—校准标记位置
12	在校准菜单，执行轴4转数计数器更新操作	—

任务 4-6　工业机器人 IRB460 的本体维护

工作任务

➢ 制订码垛型工业机器人 IRB460 的维护点检计划
➢ 对码垛型工业机器人 IRB460 实施维护点检计划
➢ 掌握工业机器人 IRB460 的机械原点位置
➢ 掌握工业机器人 IRB460 转数计数器更新的操作

1. 维护计划

必须对工业机器人进行定期维护以确保其功能正常。不可预测情形下的异常也应对工业机器人进行检查。在日常工业机器人的运行过程中也必须及时注意任何损坏。

设备点检是一种科学的设备管理方法，它是利用人的五官或简单的仪器工具，对设备进行定点、定期的检查，对照标准发现设备的异常现象和隐患，掌握设备故障的初期信息，以便及时采取对策，将故障消灭在萌芽阶段的一种管理方法。

接下来针对工业机器人 IRB460 制订日点检表及定期点检表，见表 4-67 和表 4-68。

工业机器人 IRB460 日点检表及定期点检表说明如下：

1）表 4-67 和表 4-68 中列出的是与工业机器人 IRB460 本身直接相关的点检项目。

2）工业机器人一般不是单独存在于工作现场的，必然会有相关的周边设备。所以可以根据实际的情况将周边设备的点检项目添加到点检表中，以方便工作的开展。

表 4-67

IRB460 日点检记录表

类别	编号	检查项目	要求标准	方法	1	2	3	4	5	6	7	8	9	10	11	12	13	14	15	16	17	18	19	20	21	22	23	24	25	26	27	28	29	30	31
日点检	1	工业机器人本体及控制柜清洁，四周无杂物	无灰尘异物	擦拭																																
	2	保持通风良好	清洁无污染	测																																
	3	示教器屏幕显示是否正常	显示正常	看																																
	4	示教器控制器是否正常	正常控制工业机器人	试																																
	5	检查安全防护装置是否运作正常，急停按钮是否正常等	安全装置运作正常	测试																																
	6	气管、接头、气阀有无漏气	密封性完好，无漏气	听、看																																
	7	检查电动机运转声音是否异常	无异常声响	听																																
	8	检查磨损和污染情况（仅限清洁室版机器人）	无异常磨损和污染	看																																
		确认人签字																																		
备注	日点检要求每日开工前进行。设备点检、维护正常画"√"；使用异常画"△"；设备未运行画"/"。																																		

年__月__

151

表 4-68

IRB460 定期点检记录表 ＿＿＿年

类别	编号	检查项目	1	2	3	4	5	6	7	8	9	10	11	12
定期① 点检	1	清洁工业机器人												
		确认人签字												
每6 个月②	2	检查轴 1 齿轮箱中的油位												
	3	检查轴 2、3 齿轮箱中的油位												
	4	检查轴 6 齿轮箱中的油位												
		确认人签字												
每12 个月②	5	检查电缆线束												
	6	检查信息标签												
	7	检查轴 1 机械限位装置												
	8	检查阻尼器												
		确认人签字												
每18 个月②	9	更换轴 1 齿轮箱润滑油												
	10	更换轴 2、3 齿轮箱润滑油												
	11	更换轴 6 齿轮箱润滑油												
		确认人签字												
每36 个月②	12	固定间隔更换轴 1 齿轮箱润滑油												
	13	固定间隔更换轴 2、3 齿轮箱润滑油												
	14	固定间隔更换轴 6 齿轮箱润滑油												
		确认人签字												
	15	更换电池组③												
		确认人签字												
备注	① "定期"意味着要定期执行相关活动，但实际的间隔可以不遵守工业机器人制造商的规定。此间隔取决于工业机器人的操作周期、工作环境和运动模式。通常，环境污染越严重，运动模式越苛刻，检查间隔越短。 检测到对应组件损坏或泄露，或发现其接近规定的使用寿命时，应更换组件。 ② 工业机器人运行时间 DTC 可在 ServiceInfo 例行程序中查看当前工业机器人的运行时间。 ③ 电池的剩余后备电量（工业机器人电源关闭）不足 2 个月时，将显示电池低电量警告（38213 电池电量低）。通常，如果工业机器人电源每周关闭 2 天，则新电池的使用寿命为 36 个月；而如果工业机器人电源每天关闭 16h，则新电池的使用寿命为 18 个月。对于较长时间的生产中断，通过电池关闭服务例行程序可延长电池使用寿命（大约 3 倍）。 设备点检、维护正常画"√"；使用异常画"△"；设备未运行画"/"。													

2. 维护实施

➥ **定期点检项目 1：清洁工业机器人。**

⚠ **警告**：关闭工业机器人的所有电源，然后再进入工业机器人的工作空间。

为保证较长的正常运行时间，务必定期清洁 IRB460。清洁的时间间隔取决于工业机器人工作的环境。根据 IRB460 的不同防护类型，可采用不同的清洁方法。

注释：清洁之前务必确认工业机器人的防护类型。

（1）注意事项

1）务必按照规定使用清洁设备。任何其他清洁设备都可能会缩短工业机器人的使用寿命。

2）清洁前，务必先检查是否所有保护盖都已安装到工业机器人上。

3）切勿进行以下操作：

① 将清洗水柱对准连接器、接点、密封件或垫圈。

② 使用压缩空气清洁工业机器人。

③ 使用未获工业机器人厂家批准的溶剂清洁工业机器人。

④ 喷射清洗液的距离低于 0.4m。

⑤ 清洁工业机器人之前，卸下任何保护盖或其他保护装置。

（2）清洁方法　见表 4-69。

表　4-69

工业机器人防护类型	清洁方法			
	真空吸尘器	用布擦拭	用水冲洗	高压水或高压蒸汽
标准版 IP67	可行	可行	可行，强烈推荐在水中加入防锈剂溶液，并且在清洁后对工业机器人进行干燥	不可以

1）用水冲洗说明：ABB 工业机器人 IRB460 可以采用水冲洗（水清洗器）的方法进行清洁，但需满足以下操作前提：

① 喷嘴处的最大水压：$7×10^5$Pa（7bar）。

② 应使用风扇喷嘴，最小散布角度为 45°。

③ 从喷嘴到封装的最小距离为 0.4m。

④ 最大流量为 20L/min。

2）电缆清洁说明：

① 如果沙、灰和碎屑等废弃物妨碍电缆移动，则将其清除。

② 如果电缆有硬皮（例如干性脱模剂硬皮），则进行清洁。

▶ **定期点检项目 2：检查轴 1 齿轮箱中的油位。**

轴 1 齿轮箱位于机架和底座之间，油塞如图 4-40 所示。

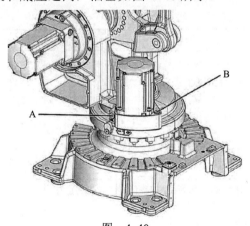

图　4-40

A—检查油孔　B—注油孔

所需标准工具套件见表 4-70。

表　4-70

工　具	数　量
活动扳手 8～19mm	1
内六角螺钉 5～17mm	1
外六星套筒编号：20～60	1
套筒扳手组	1
转矩扳手 10～100N·m	1
转矩扳手 75～400N·m	1
转矩扳手 1/2 的棘轮头	1
外六角螺钉 M10×100	2
外六角螺钉 M16×90	
插座头帽号 14，插座 40mm，线长 110mm	1
插座头帽号 14，插座 40mm，线长 20mm	1
插座头帽号 6，插座 40mm，线长 145mm	1
插座头帽号 6，插座 40mm，线长 220mm	1
双鼓铆钉钳	1
塑料槌	1

　　处理润滑油时，会出现人身伤害和产品损坏的风险。在对齿轮箱中的润滑油进行任何处理前，请务必注意下面的安全信息。各种警告提示见表 4-71。

注意：
1）在处理油、润滑脂或其他化学物质时，必须遵守制造商提供的安全信息。
2）在处理腐蚀性介质时，必须采取适当的护肤措施。建议使用护目镜和手套。
3）必须遵守有关妥善处理物质的规定。
4）处理热润滑油时应特别小心。

表　4-71

警　告	描　述	排除危险/操作
⚠ 润滑油或润滑脂过热	齿轮润滑油或润滑脂的更换和排放可能需要在高达 90℃ 的温度下进行	确保工作中始终佩戴防护工具（如护目镜和手套）
⚠ 过敏反应	处理齿轮润滑剂时存在出现过敏反应的风险	确保始终佩戴防护工具（如护目镜和手套）
⚠ 齿轮箱中可能存在的压力	打开润滑油或润滑脂塞时，齿轮箱中可能存在一定的压力，会导致润滑油/脂从开口处喷出	小心打开塞子并远离开口处。灌注齿轮箱时防止溢出
⚠ 请勿溢出	齿轮润滑剂溢出可能会导致齿轮箱内部压力过高，而这又将导致： 1）损坏密封件和垫圈 2）将密封件和垫圈完全压出 3）限制工业机器人自由移动	确保为齿轮箱加注润滑油或润滑脂时不会溢出。加注后，应检查油位是否正确

（续）

警　告	描　　述	排除危险/操作
⚠ 请勿混合使用不同类别的油	混合使用不同类别的油可能对齿轮箱造成严重损坏	加注润滑油时，请勿混合使用不同类别的油，除非说明中特别指明。应始终使用工业机器人厂家的指定用油
💡 对油脂进行加热	热油比冷油的排放速度快	更换齿轮箱油时，首先运行工业机器人一定时间以使油加热，以方便排放
ℹ 指定用量取决于排放量	润滑油或润滑脂的指定用量取决于齿轮箱的总容量。更换润滑剂时，替换的油量可能与指定用量不同，这取决于齿轮箱中先前的排放量	加注后，应检查油位是否正确
❗ 齿轮箱油被污染	放油时确保尽量将齿轮箱中的油放尽，目的是尽可能多地排出齿轮箱中的油渣。磁性油塞将吸走所有残余金属屑	—

检查轴 1 齿轮箱中的油位的操作步骤见表 4-72。

表 4-72

序　号	操　　作	注　　释
1	⚠ 警告：处理齿轮箱油会涉及一些安全风险，应仔细阅读表 4-71 中的内容	—
2	⚠ 危险：关闭连接到工业机器人的所有电源、液压源、气压源，然后再进入工业机器人工作区域	—
3	确保油温为 25℃±10℃	这是一项预防措施，目的是减小测量对温度的依赖性
4	打开检查油塞	—
5	1）测量油位 2）所需的油位为油塞孔下最多 5mm	 A—油塞孔　B—所需油位　C—齿轮箱油
6	必要时调整油位	型号：Kyodo Yushi TMO 150；5900mL
7	重新装上油塞	拧紧力矩：25N·m

➥ **定期点检项目 3：检查轴 2、轴 3 齿轮箱中的油位。**

轴 2、轴 3 齿轮箱位于电动机连接处下方、下臂旋转中心处，如图 4-41、图 4-42 所示。

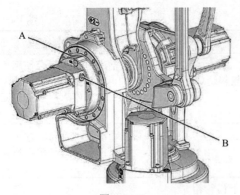

图　4-41

A—轴 2 齿轮箱　B—注油孔

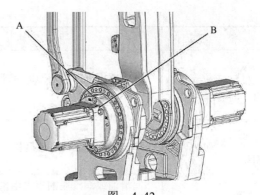

图　4-42

A—轴 3 齿轮箱　B—注油孔

检查轴 2、3 齿轮箱中的油位的操作步骤见表 4-73。

表　4-73

序　　号	操　　作	注　　释
1	⚠ **警告**：处理齿轮箱油会涉及一些安全风险，应仔细阅读表 4-71 中的内容	—
2	⚠ **危险**：关闭连接到工业机器人的所有电源、液压源、气压源，然后再进入工业机器人工作区域	—
3	打开注油塞	—
4	在注油孔处测量油位 所需的油位：油塞孔下最多 5 mm	—
5	根据需要加油	型号：Kyodo Yushi TMO 150；3200mL
6	重新装上油	—

➡ **定期点检项目 4：检查轴 6 齿轮箱中的油位。**

轴 6 齿轮箱位于倾斜机壳装置中，如图 4-43 所示。

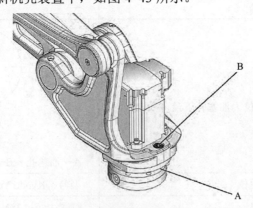

图　4-43

A—6 轴齿轮箱　B—注油孔

检查 6 轴齿轮箱中的油位的操作步骤见表 4-74。

表　4-74

序　号	操　作	注　释
1	⚠ **警告**：处理齿轮箱油会涉及一些安全风险，应仔细阅读表 4-71 中的内容	—
2	⚠ **危险**：关闭连接到工业机器人的所有电源、液压源、气压源，然后再进入工业机器人工作区域	—
3	打开注油塞	—
4	所需的油位：电动机安装表面之下 23mm±2mm	—
5	根据需要加油	型号：Kyodo Yushi TMO 150；300mL
6	重新装上油塞	—

↘ **定期点检项目 5：检查电缆线束。**

各关节轴上的电缆线束如图 4-44 所示。

（1）所需工具　目视检查即可，无须工具。

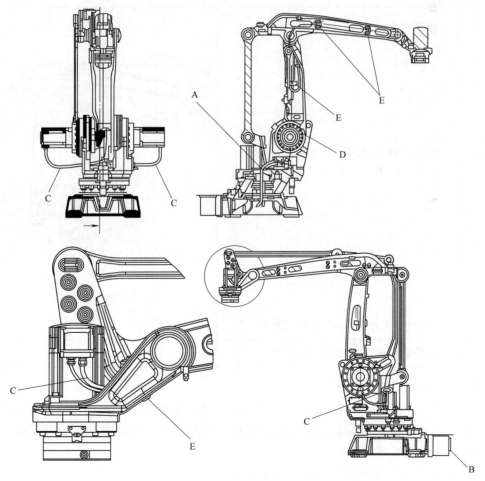

图　4-44

A—机器人电缆线束　B—底座上连接器　C—电动机电缆　D—电缆导向装置　E—金属卡夹

（2）检查电缆线束　操作步骤见表 4-75。

表　4-75

序　号	操　作	注　释
1	⚠危险：关闭连接到工业机器人的所有电源、液压源、气压源，然后再进入工业机器人工作区域	—
2	对电缆线束进行全面检查，以检测磨损和损坏情况	—
3	检查底座上的连接器	—
4	检查电动机线缆	—
5	检查轴 2 电缆导向装置	如有损坏，将其更换
6	检查下臂上的金属卡夹	—
7	检查上臂内部固定电缆线束的金属夹具，如右图所示	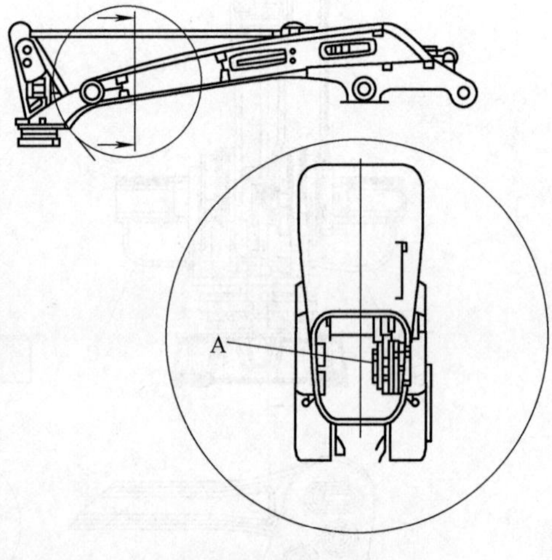 A—上臂内部的金属卡夹
8	检查轴 6 上固定电动机电缆的金属卡夹	—
9	如果检测到磨损或损坏，应更换电缆线束	—

➦ **定期点检项目 6：检查信息标签。**

　　工业机器人和控制器都贴有数个安全和信息标签，其中包含产品的相关重要信息。这些信息对所有操作机器人系统的人员都非常有用，特别是在安装、检修或操作期间。所以有必要维护好信息标签的完整。

　　（1）所需工具　目视检查即可，无须工具。

　　（2）检查信息标签　操作步骤见表 4-76。

表　4-76

序　号	操　作	注　释
1	⚠ **危险**：关闭连接到工业机器人的所有电源、液压源、气压源，然后再进入工业机器人工作区域	—
2	检查标签	参考任务 1-2
3	补齐丢失的标签，更换所有受损的标签	—

↘ **定期点检项目 7：检查轴 1 机械限位装置。**

⚠ **警告**：如果使用了选件 810-1 电子位置开关或者 561-1 扩展轴 1 范围 1，则在工业机器人上不能安装机械停止限位。

轴 1 机械限位装置位于底座上，如图 4-45 所示。

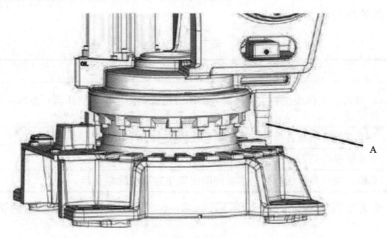

图　4-45

A—轴 1 机械限位装置

检查轴 1 机械限位装置的操作步骤见表 4-77。

表　4-77

序　号	操　作
1	⚠ **危险**：关闭连接到工业机器人的所有电源、液压源、气压源，然后再进入工业机器人工作区域
2	检查轴 1 机械限位装置，若机械限位装置出现弯折或损伤，则必须予以更换 ℹ **注意**：与机械限位装置碰撞会缩短齿轮箱的预期寿命

↘ **定期点检项目 8：检查阻尼器。**

阻尼器位置如图 4-46 所示。

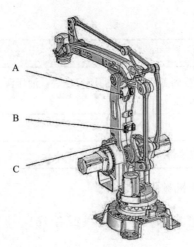

图 4-46

A—下臂上部阻尼器　B—下臂下部阻尼器　C—轴 2 阻尼器

检查阻尼器的操作步骤见表 4-78。

表　4-78

序　号	操　作
1	⚠ **危险**：关闭连接到工业机器人的所有电源、液压源、气压源，然后再进入工业机器人工作区域
2	检查所有阻尼器是否受损、破裂或存在大于 1mm 的印痕
3	检查连接螺钉是否变形
4	如果检测到任何损伤，必须用新的阻尼器更换受损的阻尼器

本任务需要更换齿轮箱油的轴有轴 1、2、3、6。更换齿轮箱润滑油，所需工具和设备见表 4-79。

表　4-79

设　备	注　释
润滑油抽油器	应使用防爆的气动抽油器，在注油前应将抽油器清洗干净
带 O 形密封圈的快接头	—
废油收集箱	推荐容量：4000mL

定期点检项目 9：更换轴 1 齿轮箱润滑油。

轴 1 齿轮箱位于机架和底座之间（图 4-47），废油从位于工业机器人基座后部的软管排出。

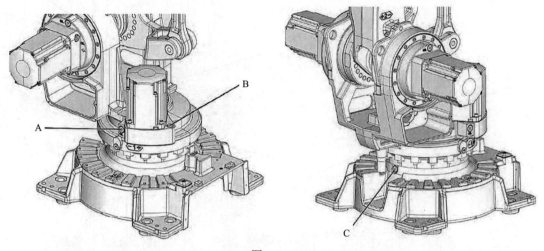

图　4-47
A—检查油孔　B—注油孔　C—排油孔

更换轴 1 齿轮箱油脂的操作步骤见表 4-80。

表　4-80

序　号	操　作	注　释
1	⚠ **危险**：进入工业机器人工作区域之前，关闭连接到工业机器人的所有： 1）工业机器人的电源 2）工业机器人的液压供应系统 3）工业机器人的压缩空气供应系统	—
2	① **小心**：在换油前，让工业机器人运行一下，以加热润滑油，方便流动。在作业期间，时刻穿戴好保护装备，如护目镜、手套	—
3	卸下注油塞，可让排油速度加快	—
4	卸下排油塞并用带油嘴和集油箱的软管排出齿轮箱中的油	排油耗时较长，具体所需的时间取决于油的温度
5	重新装上排油塞	—
6	向齿轮箱重新注入润滑油	—
7	重新装上注油塞	拧紧力矩：25N·m

定期点检项目 10：更换轴 2 和轴 3 齿轮箱润滑油。

轴 2 和轴 3 的齿轮箱位于电动机连接处下方、下臂旋转中心处，图 4-48 显示轴 2 齿轮箱位置，图 4-49 显示轴 3 齿轮箱位置。

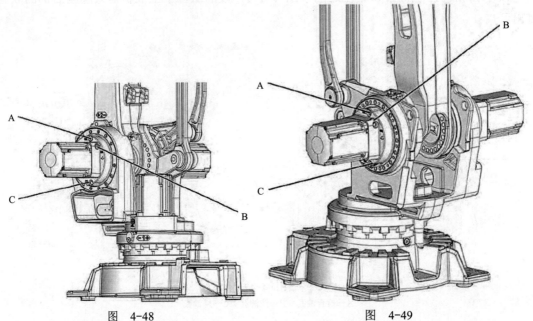

图 4-48
A—轴 2 齿轮箱通风孔　B—注油孔　C—排油孔

图 4-49
A—轴 3 齿轮箱通风孔　B—注油孔　C—排油孔

更换轴 2 和轴 3 齿轮箱润滑油的操作步骤见表 4-81。

表 4-81

序　号	操　作	注　释
1	⚠ 危险：关闭连接到工业机器人的所有电源、液压源、气压源，然后再进入工业机器人工作区域	—
2	⚠ 小心：在换油前，让工业机器人运行一下，以加热润滑油，方便流动。在作业期间，时刻穿戴好保护装备，如护目镜、手套	—
3	卸下注油塞，可让排油速度加快	—
4	卸下排油塞并用带油嘴和集油箱的软管排出齿轮箱中的油	若排放时间较长，低温可能造成润滑油的流动减慢
5	重新装上排油塞	—
6	向齿轮箱重新注入润滑油	—
7	重新装上注油塞	拧紧力矩：25N·m

➥ 定期点检项目 11：更换轴 6 齿轮箱润滑油。

　　轴 6 齿轮箱的位置如图 4-50 所示。

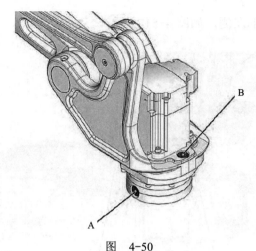

图　4-50
A—排油孔　B—注油孔

更换轴 6 齿轮箱油润滑油的操作步骤见表 4-82。

表　4-82

序　　号	操　　作	注　　释
1	将轴 6 运行到适合换油的位置	—
2	⚠ **危险**：关闭连接到工业机器人的所有电源、液压源、气压源，然后再进入工业机器人工作区域	—
3	⚠ **小心**：在换油前，让工业机器人运行一下，以加热润滑油，方便流动。在作业期间，时刻穿戴好保护装备，如护目镜、手套	—
4	卸下排油塞，将润滑油排放到集油箱中，卸下注油塞可加快排油	—
5	重新装上排油塞	—
6	向齿轮箱重新注入润滑油	—
7	重新装上排油塞和注油塞	拧紧力矩：25N·m

➦ **定期点检项目 12、13、14：固定间隔 20000h 更换齿轮箱润滑油。**

对应参考定期点检项目 9、10、11。

➦ **定期点检项目 15：更换电池组。**

电池的剩余后备电量（工业机器人电源关闭）不足 2 个月时，将显示电池低电量警告（38213 电池电量低）。通常，如果工业机器人电源每周关闭 2 天，则新电池的使用寿命为 36 个月；而如果工业机器人电源每天关闭 16h，则新电池的使用寿命为 18 个月。对于较长时间的生产中断，通过电池关闭服务例行程序可延长电池的使用寿命（大约提高使用寿命 3 倍）。

SMB 电池位于机架的左侧，如图 4-51 所示。

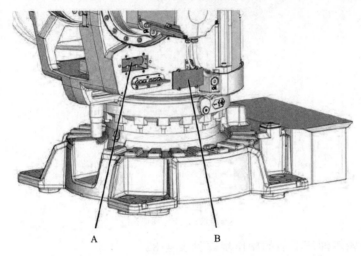

图　4-51
A—SMB 电池　B—SMB 电池盖

注意： SMB 装置和电池有两种型号，一种具有 2 电极电池触点（DSQC）；另一种具有 3 电极电池触点（RMU），具有 3 电极电池触点型号的电池使用寿命更长。SMB 装置必须使用正确的电池，应确保订购正确的备件，切勿交换电池触点。

更换电池组的具体步骤见表 4-83。

表　4-83

序　号	操　作	注　释
1	将工业机器人调至其校准姿态，也就是所有轴回到机械原点位置	完成此步骤的目的是为了更换电池后，便于进行更新转数计数器
2	**危险：** 关闭连接到工业机器人的所有电源、液压源、气压源，然后再进入工业机器人工作区域	—
3	**静电放电：** 该装置易受 ESD 影响，应排除静电后再进行操作	—
4	通过拧松连接螺钉，卸下 SMB 电池盖	—
5	拉出电池并断开电池电缆	—
6	卸下 SMB 电池	电池包含保护电路。应使用规定的备件或 ABB 认可的同等质量的备件进行更换

（续）

序　号	操　　作	注　释
7	重新将新的电池电缆连接至 SMB/电池槽 **注意：** RMU 电池搭配电池座，以确保稳固地安装到凹槽处，见右图	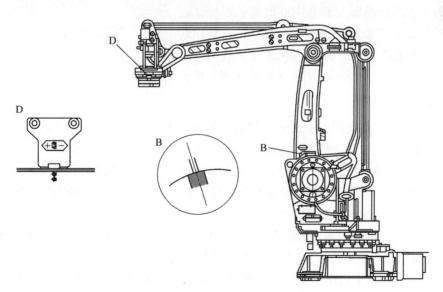 A—电池组 RMU　B—电池座 C—电池电缆
8	重新固定安装好 SMB 电池盖	—
9	更新转数计数器	—

3. 工业机器人 IRB460 机械原点位置及转数计数器更新

ABB 工业机器人 IRB460 的 4 个关节轴都有相应的机械原点。当系统设定的原点数据丢失后，需要进行转数计数器更新以便找回原点。

将 4 个轴都对准各自的机械原点标记，如图 4-52 所示。

转数计数器的更新操作方法，请参考任务 4-2 中的操作流程。

图　4-52

B—机械原点标记，轴 2　D—机械原点标记，轴 6

165

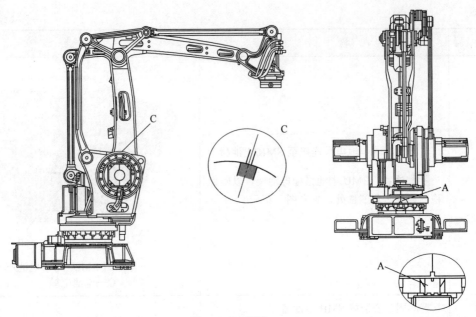

图 4-52（续）

A—机械原点标记，轴 1　C—机械原点标记，轴 3

任务 4-7　工业机器人 IRB6700 的本体维护

工作任务

- ➢ 制订关节型工业机器人 IRB6700 的维护点检计划
- ➢ 对关节型工业机器人 IRB6700 实施维护点检计划
- ➢ 掌握工业机器人 IRB6700 的机械原点位置
- ➢ 掌握工业机器人 IRB6700 转数计数器更新的操作

1. 维护计划

必须对工业机器人进行定期维护以确保其功能正常。不可预测情形下的异常也应对工业机器人进行检查。在日常工业机器人的运行过程中也必须及时注意任何损坏。

设备点检是一种科学的设备管理方法，它是利用人的五官或简单的仪器工具，对设备进行定点、定期的检查，对照标准发现设备的异常现象和隐患，掌握设备故障的初期信息，以便及时采取对策，将故障消灭在萌芽阶段的一种管理方法。

接下来针对工业机器人 IRB6700 制订日点检表及定期点检表，见表 4-84 和表 4-85。

工业机器人 IRB6700 日点检表及定期点检表说明如下：

1）表 4-84 和表 4-85 中列出的是与工业机器人 IRB6700 本身直接相关的点检项目。

2）工业机器人一般不是单独存在于工作现场的，必然会有相关的周边设备。所以可以根据实际的情况将周边设备的点检项目添加到点检表中，以方便工作的开展。

表 4-84

IRB6700 日点检表

__年 __月

类别	编号	检查项目	要求标准	方法	1	2	3	4	5	6	7	8	9	10	11	12	13	14	15	16	17	18	19	20	21	22	23	24	25	26	27	28	29	30	31
日点检	1	工业机器人本体清洁，四周无杂物	无灰尘无异物	擦拭																															
	2	保持通风良好	清洁无污染	测																															
	3	示教器屏幕显示是否正常	显示正常	看																															
	4	示教器控制器人是否正常	正常控制机器人	试																															
	5	检查安全防护装置是否运作正常，急停按钮是否正常等	安全装置运作正常	测试																															
	6	气管、接头、气阀有无漏气	密封性完好，无漏气	听、看																															
	7	检查电动机运转声音是否异常	无异常声响	听																															
备注		确认人签字																																	

日点检要求每日开工前进行。

设备点检、维护正常画"√"；使用异常画"△"；设备未运行画"/"。

表　4-85

IRB6700 定期点检表 　　　　　　　　　　　　　　　　____年

类别	编号	检查项目	1	2	3	4	5	6	7	8	9	10	11	12
定期[①]点检	1	清洁工业机器人												
		确认人签字												
每 12 个月	2	检查平衡装置												
	3	检查工业机器人线缆												
	4	检查信息标签												
	5	检查轴 2、轴 3 机械限位												
	6	检查轴 1 机械限位												
		确认人签字												
每 36 个月	7	更换电池组												
		确认人签字												
每 20000h	8	更换轴 1 齿轮箱润滑油												
	9	更换轴 2 齿轮箱润滑油												
	10	更换轴 3 齿轮箱润滑油												
	11	更换轴 4 齿轮箱润滑油												
	12	更换轴 5 齿轮箱润滑油												
	13	更换轴 6 齿轮箱润滑油												
备注	① "定期"意味着要定期执行相关活动，但实际的间隔可以不遵守工业机器人制造商的规定。此间隔取决于工业机器人的操作周期、工作环境和运动模式。通常，环境污染越严重，运动模式越苛刻（电缆线束弯曲越厉害），检查间隔越短。 设备点检、维护正常画"√"；使用异常画"△"；设备未运行画"/"。													

2. 维护实施

➥ **定期点检项目 1：清洁工业机器人。**

关闭工业机器人的所有电源，然后再进入工业机器人的工作空间。

为保证较长的正常运行时间，请务必定期清洁 IRB 6700。清洁的时间间隔取决于工业机器人工作的环境。

根据 IRB 6700 的不同防护类型，可采用不同的清洁方法。

ℹ **注意**：清洁之前务必确认工业机器人的防护类型。

（1）润滑油泄露　若怀疑某个齿轮箱的润滑油泄露，使用以下步骤操作：

1）检查齿轮箱的润滑油油位。

2）记下油位。

3）过一段时间再检查油位，例如 6 个月。

4）如果油位有所降低，更换有问题的齿轮箱。

润滑油泄露会使工业机器人涂漆面变色。润滑油滴落在工业机器人涂漆面会导致涂漆面变色。

ℹ 注意： 针对润滑油的维护保养工作，始终记得保证工业机器人清洁。

（2）注意事项

1）务必按照规定使用清洁设备。任何其他清洁设备都可能会缩短工业机器人的使用寿命。

2）清洁前，务必先检查是否所有保护盖都已安装到机器人上。

3）切勿进行以下操作：

① 将清洗水柱对准连接器、接点、密封件或垫圈。

② 使用压缩空气清洁工业机器人。

③ 使用未获工业机器人厂家批准的溶剂清洁工业机器人。

④ 喷射清洗液的距离低于 0.4m。

⑤ 清洁工业机器人之前，卸下任何保护盖或其他保护装置。

（3）清洁方法　表 4-86 规定了不同防护类型的 ABB 工业机器人 IRB6700 所允许的清洁方法。

表　4-86

工业机器人防护类型	清 洁 方 法			
	真空吸尘器	用布擦拭	用水冲洗	高压水或高压蒸汽
标准版	可行	可行，使用少量清洁剂	可行，强烈建议使用的水进行过防锈处理，并且及时擦掉工业机器人上的水渍	不可以
压铸加强版	可行	可行，使用少量清洁剂	可行，强烈建议使用的水进行过防锈处理	可行，强烈建议水和蒸汽包含防锈剂，不能含清洁剂

1）用水进行冲洗的说明：防护类型为标准版、压铸加强版、清洗版或压铸加强版 II 的 ABB IRB6700 工业机器人可以用水进行冲洗。但需满足以下操作前提：

① 喷嘴的最大水压为 7×10^5Pa（7bar）。

② 应使用扇形喷嘴，最小扩展角度为 45°。

③ 从喷嘴到工业机器人的最小距离为 0.4m。

④ 最大水流为 20 L/min

2）用高压水或高压蒸汽清洁的说明：防护类型为压铸加强版 II 的 ABB 工业机器人 IRB6700 可以用高压水或高压蒸汽进行冲洗。但需满足以下操作前提：

① 喷嘴的最大水压为 $2.5 \times 10^7 Pa$（250bar）。

② 应使用扇形喷嘴，最小扩展角度为 45°。

③ 从喷嘴到工业机器人的最小距离为 0.4m。

④ 最大水温为 60℃。

（4）线缆　可移动的线缆必须在移动过程中非常顺畅。

1）移除会妨碍线缆移动的所有废料，例如沙土和碎屑。

2）如果线缆表面有硬皮，应清理干净。

定期点检项目 2：检查平衡装置。

图 4-53 为位于工业机器人底座上方的平衡装置及其平衡装置上需要检查的关键点。

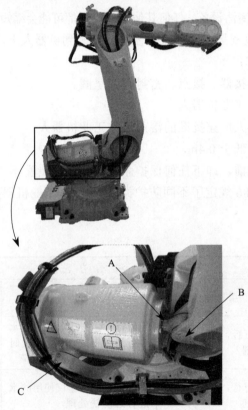

图　4-53

A—活塞杆（在平衡装置内）　B—连接件　C—位于平衡装置后部的轴承

（1）检查所需工具　目视检查，无须工具。

（2）所需备件　见表 4-87。

表　4-87

备　件	编　号	说　明
连接件	3HAC045815-001	包含轴承及密封圈，VK 盖
位于后部的轴承	3HAC045822-001	包含轴承及密封圈，VK 盖

（3）平衡装置主要检查的内容

1）检查是否不协调。具体见表 4-88。在"平衡装置上的检查点"中展示了需要检查的关键点。

表　4-88

序　号	检 查 点	操 作
1	检查连接件处的轴承及位于后部的轴承是否动作顺畅	如果检查到不协调，请联系 ABB 专业技术人员
2	检查平衡装置是否有不正常的噪声（气缸内有弹簧引起的撞击声）	如果检查到问题，请联系 ABB 专业技术人员
3	检查活塞杆是否有不正常的声音（尖锐的声音表明轴承受损或内部有污染物或润滑不充分）	如果检查到问题，请联系 ABB 专业技术人员

2）检查是否有损坏。例如刮伤、表面粗糙或不正确的位置。见表 4-89。在"平衡装置上的检查点"中展示了需要检查的关键点。

表　4-89

序　号	检 查 点	操 作
1	检查平衡设备前的活塞杆部分是否有可见的损坏	如果检查到损坏，请联系 ABB 专业技术人员

3）检查是否有润滑油泄漏。

① 平衡装置的前端轴承使用了润滑脂进行润滑。

② 密封件的损坏将会造成润滑油泄漏及灰尘与杂物的侵入，从而造成装置的损坏，必须立刻进行处理，避免损坏轴承。图 4-54 为连接杆。

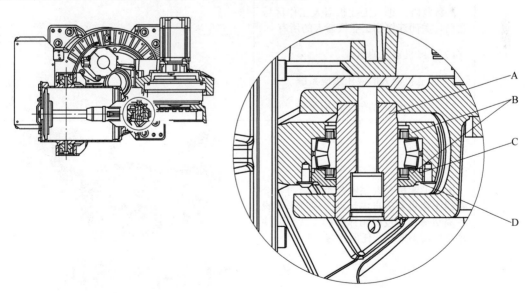

图　4-54

A—轴　B—带防尘的径向密封件，50mm×68mm×8mm（2 件）　C—O 形圈，85mm×3mm　D—端盖

③ 具体检查操作步骤见表 4-90。

表 4-90

序　号	操　作	注　释
1	危险：进入工业机器人工作区域之前，关闭连接到工业机器人的所有： 1）工业机器人的电源 2）工业机器人的液压供应系统 3）工业机器人的气压供应系统	—
2	1）目视检查所有塑料件与衬垫，查看是否有损坏 2）如有盖板损坏或因其他原因不能发挥保护作用时，必须更换	—
3	确保所有的塑料件与衬垫盖板完全固定。手动检查这些部分是否松动。如有必要，将其拧紧	拧紧转矩：除轴 6 的盖板及带衬垫的法兰需要拧紧力矩 0.2N·m 外，其余的盖板拧紧力矩为 0.14N·m

4）检查是否有阻碍物影响动作。具体操作见表 4-91。

表 4-91

序　号	操　作	注　释
1	危险：进入工业机器人工作区域之前，关闭连接到工业机器人的所有： 1）工业机器人的电源 2）工业机器人的液压供应系统 3）工业机器人的气压供应系统	—
2	检查工业机器人底座是否有障碍物会妨碍平衡设备的自由运动。保持平衡设备周边清洁，没有物体妨碍。特别要注意维修后不要遗留任何检修工具	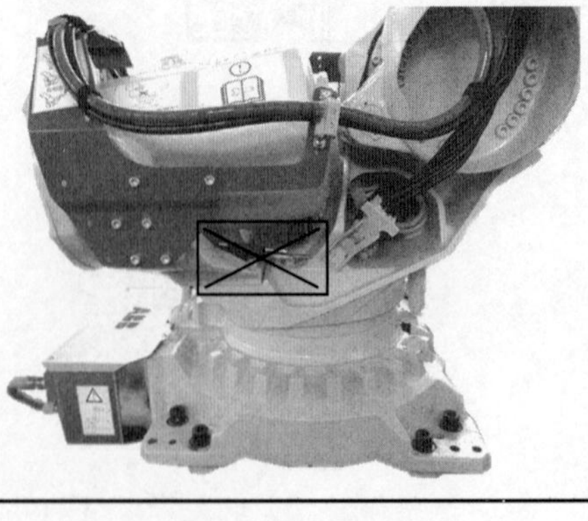

↘ 定期点检项目 3：检查工业机器人线缆。

（1）线缆位置　工业机器人线缆位置如图 4-55 中箭头所示。

图　4-55

（2）检查线缆　具体操作步骤见表 4-92。

表　4-92

序　号	操　作	注　释
1	⚠ **危险**：进入工业机器人工作区域之前，关闭连接到工业机器人的所有： 1）工业机器人的电源 2）工业机器人的液压供应系统 3）工业机器人的气压供应系统	—
2	检查整个工业机器人线缆是否有磨损或损坏，特别检查右图中标记的轴 2 位置及轴 3 位置，确保这两个区域的线缆没有损坏	

（续）

序　号	操　作	注　释
3	从底座到腕关节，检查所有可见的线缆支架，应安装稳固	
4	检查所有可见的电动机线缆	—
5	检查底座所有可见的接头	—
6	检查有线管保护的线缆。将手伸入管道，查看线缆是否会有磨损的可能性，应保证线缆不会被损坏 移除任何会磨损线缆的物体，更换被损坏的线缆	
7	更换有磨损、裂缝或者损坏的线缆	—

➲ **定期点检项目 4：检查信息标签。**

工业机器人和控制器都贴有数个安全和信息标签，其中包含产品的相关重要信息。这些信息对所有操作机器人系统的人员都非常有用，特别是在安装、检修或操作期间。所以有必要维护好信息标签的完整。

（1）所需工具和设备　目视检查即可，无须工具。

（2）检查标签　操作步骤见表 4-93。

表　4-93

序　号	操　作	注　释
1	⚠ 危险：进入工业机器人工作区域之前，关闭连接到工业机器人的所有： 1）工业机器人的电源 2）工业机器人的液压供应系统 3）工业机器人的压缩空气供应系统	—
2	检查标签	参考任务 1-2
3	补齐丢失的标签，更换所有受损的标签	—

➲ **定期点检项目 5：检查轴 2、轴 3 机械限位。**

图 4-56 展示了需要检查的轴 2、轴 3 机械限位位置。

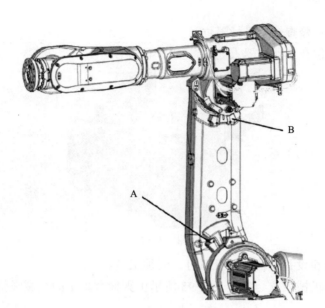

图　4-56
A—轴2机械限位　B—轴3机械限位

（1）所需工具和设备　目视检查即可，无须工具。

（2）检查减震器　参考表4-94所示步骤对机械限位进行检查。

> ℹ️ 注意：损坏的机械限位必须更换。

表　4-94

序　号	操　作	注　释
1	⚠️ **危险**：进入工业机器人工作区域之前，关闭连接到工业机器人的所有： 1）工业机器人的电源 2）工业机器人的液压供应系统 3）工业机器人的气压供应系统	—
2	检查所有的机械限位是否有损坏，是否有大于1mm的裂缝	
3	检查机械限位上的螺钉是否变形	A—轴2的机械限位　B—轴3的机械限位
4	如果检测到损坏，机械限位必须换新。 螺钉：M6mm×60mm 固定胶水：乐泰243	—

↘ 定期点检项目 6：检查轴 1 机械限位。

轴 1 的机械限位在工业机器人底座，如图 4-57 所示。

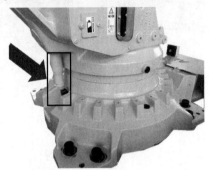

图 4-57

（1）所需工具和设备　目视检查即可，无须工具。

（2）检查轴 1 机械限位　参考表 4-95 所示步骤检查轴 1 的机械限位。

表 4-95

序　号	操　作	注　释
p	⚠ **危险**：对工业机器人进行检查之前，关闭连接到工业机器人的所有： 1）工业机器人的电源 2）工业机器人的压缩空气供应系统	—
2	检查轴 1 的机械限位，如果机械限位弯曲或者损坏，必须更换 ℹ **注意**：工业机器人与机械限位的碰撞会缩短齿轮箱的寿命	—

↘ 定期点检项目 7：更换电池组。

电池的剩余后备电量（工业机器人电源关闭）不足 2 个月时，将显示电池低电量警告（38213 电池电量低）。通常，如果工业机器人电源每周关闭 2 天，则新电池的使用寿命为 36 个月；而如果工业机器人电源每天关闭 16h，则新电池的使用寿命为 18 个月。对于较长时间的生产中断，通过电池关闭服务例行程序可延长电池的使用寿命（大约提高使用寿命 3 倍）。

电池的位置在正面对工业机器人本体的左手边，如图 4-58 所示。

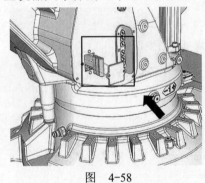

图 4-58

（1）所需工具和设备　内六角圆头扳手。

（2）卸下电池组　使用表 4-96 所示操作卸下电池组。

表　4-96

序　号	操　作	注　释
1	将工业机器人各个轴调至其机械原点位置	目的是有助于后续的转数计数器更新操作
2	⚠ 危险：进入工业机器人工作区域之前，关闭连接到工业机器人的所有： 1）工业机器人的电源 2）工业机器人的液压供应系统 3）工业机器人的压缩空气供应系统	—
3	静电放电：该装置易受 ESD 影响。在操作之前，请先阅读任务 1-2 中的安全标志及操作提示	—
4	卸下端盖的螺钉，并取下端盖	
5	拉出电池组，并断开电池线缆的连接	
6	取出电池组。电池包含保护电路。应使用规定的备件或 ABB 认可的同等质量的备件进行更换	

（3）重新安装电池组　使用表 4-97 所示操作安装新的电池组。

表　4-97

序　号	操　作	注　释
1	⚠ 危险：进入工业机器人工作区域之前，关闭连接到工业机器人的所有： 1）工业机器人的电源 2）工业机器人的液压供应系统 3）工业机器人的压缩空气供应系统	—
2	静电放电：该装置易受 ESD 影响。在操作之前，请先阅读任务 1-2 中的安全标志及操作提示	—

（续）

序　号	操　作	注　释
3	连接好电池组线缆并将其安装到原位置	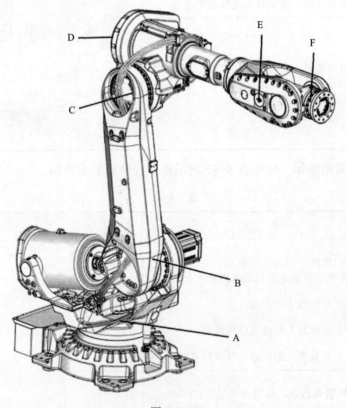
4	用螺钉固定好电池组盖板	
5	更新转数计数器	请参考任务 4-2 的操作方法
6	⚠ **危险**：确保在执行首次试运行时，满足所有安全要求。这些内容在任务 1 中有详细说明	—

下面进行更换齿轮箱润滑油。

1）齿轮箱的位置如图 4-59 所示。

图　4-59

A—轴 1 齿轮箱　B—轴 2 齿轮箱　C—轴 3 齿轮箱　D—轴 4 齿轮箱　E—轴 5 齿轮箱　F—轴 6 齿轮箱

2）所需工具和设备见表 4-98。

表　4-98

设　　　备	注　　　释
润滑油抽油器	应使用防爆的气动抽油器，在注油前应将抽油器清洗干净
带 O 形密封圈的快接头	—
废油收集箱	推荐容量 4000mL

➤ **定期点检项目 8：更换轴 1 齿轮箱润滑油。**

（1）油塞的位置　轴 1 齿轮箱油塞的位置见表 4-99 中箭头所示。

表　4-99

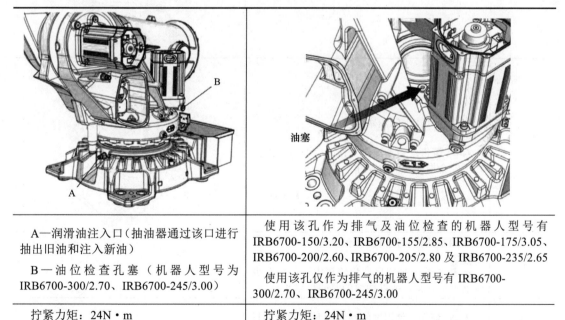

A—润滑油注入口（抽油器通过该口进行抽出旧油和注入新油） 　B—油位检查孔塞（机器人型号为 IRB6700-300/2.70、IRB6700-245/3.00）	使用该孔作为排气及油位检查的机器人型号有 IRB6700-150/3.20、IRB6700-155/2.85、IRB6700-175/3.05、IRB6700-200/2.60、IRB6700-205/2.80 及 IRB6700-235/2.65 　使用该孔仅作为排气的机器人型号有 IRB6700-300/2.70、IRB6700-245/3.00
拧紧力矩：24N·m	拧紧力矩：24N·m

（2）所需材料　润滑油。润滑油的标号请参考工业机器人本体上注油孔的标签说明。

（3）所需工具和设备　润滑油收集容器，抽油器，标准工具。

（4）抽出轴 1 齿轮箱的润滑油　使用表 4-100 所示步骤抽出轴 1 齿轮箱的润滑油。

表　4-100

序　号	操　作	注　释
1	⚠ 危险：进入工业机器人工作区域之前，关闭连接到工业机器人的所有： 1）工业机器人的电源 2）工业机器人的液压供应系统 3）工业机器人的压缩空气供应系统	—
2	ⓘ 小心：在换油前，让工业机器人运行一下，以加热润滑油，方便流动。在作业期间，时刻穿戴好保护装备，如护目镜、手套	—
3	ⓘ 小心：齿轮箱中可能会有一定的压力，会引发危险。因此打开油塞时一定要小心，让压力缓慢泄出	—
4	打开润滑油注入口的保护盖，并将抽油器连上	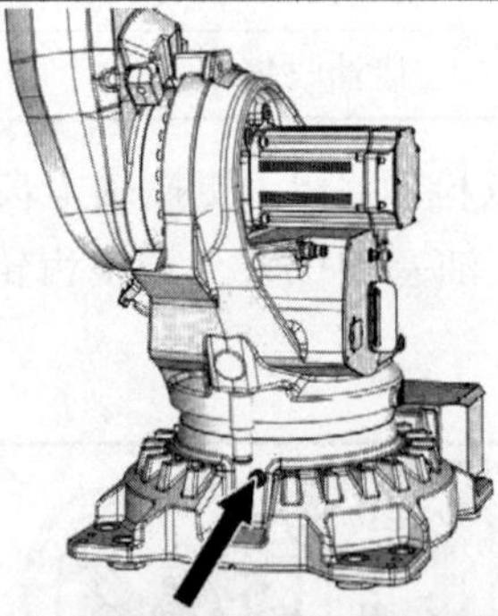
5	取下通气孔上的油塞 ⚠ 警告：当抽油器工作时，通气孔没打开可能会损坏内部的零件	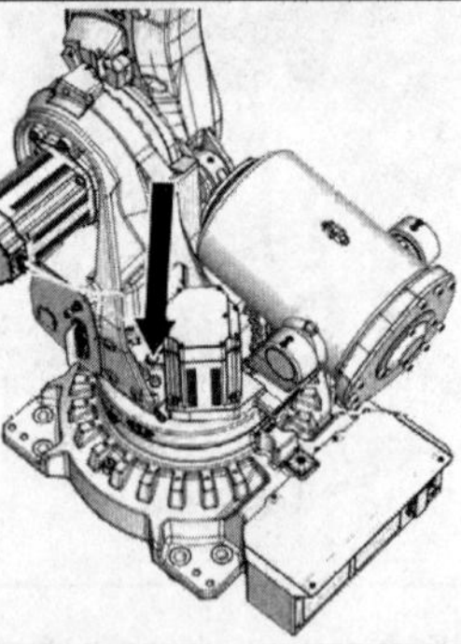
6	使用抽油器将润滑油抽出 ℹ 注意：抽完后，齿轮箱中可能会有少量润滑油残留，所以抽油的时间可以长一些	—
7	⚠ 警告：使用过的润滑油是有危害的材料，必须用安全的方式处理好	—
8	移除抽油器，重新盖好注入口的保护盖	—
9	重新盖好通气孔上的油塞	拧紧力矩：24N·m

（5）向轴 1 齿轮箱注入润滑油　使用表 4-101 所示步骤向轴 1 齿轮箱注入润滑油。

表　4-101

序　号	操　作	注　释
1	⚠ 危险：进入工业机器人工作区域之前，关闭连接到工业机器人的所有： 1）工业机器人的电源 2）工业机器人的液压供应系统 3）工业机器人的压缩空气供应系统	—
2	ⓘ 小心：在作业期间，时刻穿戴好保护装备，如护目镜、手套	—
3	打开润滑油注入口的保护盖，并将抽油器连上	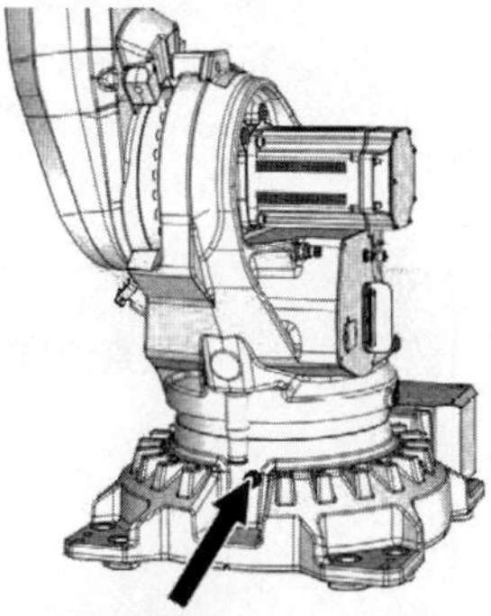
4	取下通气孔上的油塞 ℹ 注意：通气孔打开是为了释放注油过程中的空气	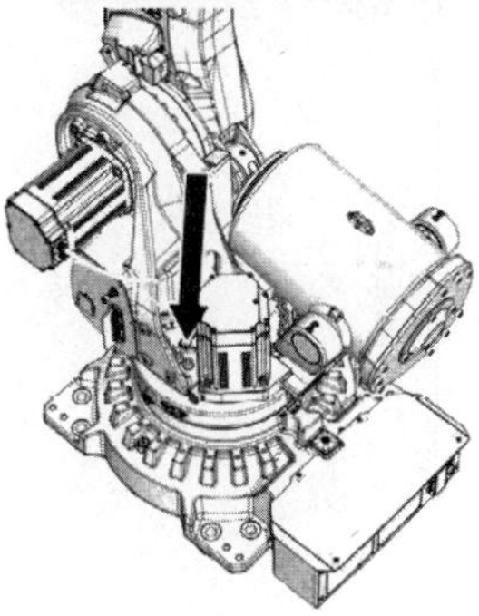
5	使用抽油器向齿轮箱注入润滑油 ℹ 注意：注入油量依据之前抽出油量	—
6	检查油位	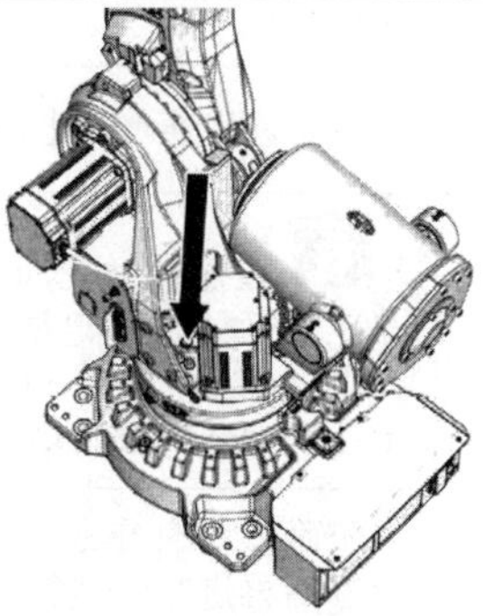

（续）

序　号	操　　作	注　　释
6	检查油位	根据上页图箭头所示的油塞位置检查油位适用于以下机型：IRB6700-150/3.20、IRB6700-155/2.85、IRB6700-175/3.05、IRB6700-200/2.60、IRB6700-205/2.80 及 IRB6700-235/2.65 要求油位低于油塞密封圈表面 58mm±5mm 位置处，如下图所示。 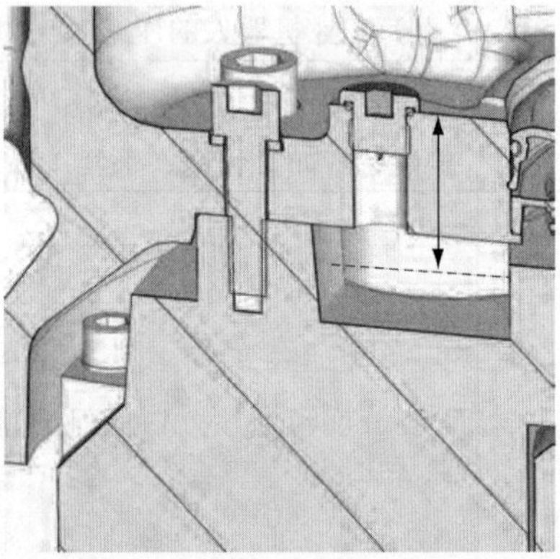 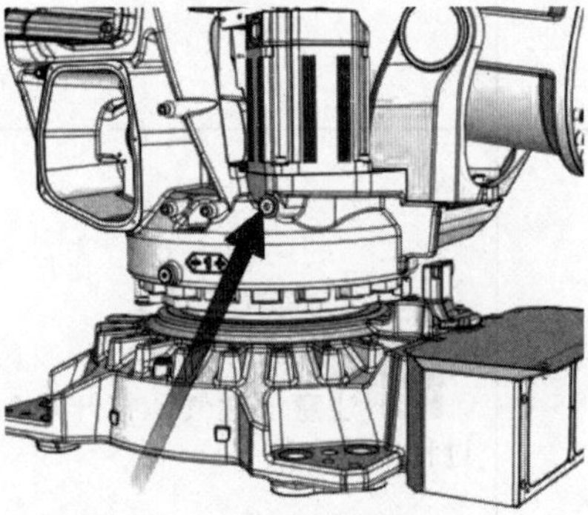 根据上图所示的油塞位置检查油位适用于以下机型：IRB6700-300/2.70、IRB6700-245/3.00 要求油位低于油塞孔 0～10mm
7	移除抽油器，重新盖好注入口的保护盖	—
8	重新盖好通气孔上的油塞	拧紧力矩：24N·m
9	🛈 注意：做完润滑油的维护保养工作后一定要记得清理工业机器人上残留的油渍，以免工业机器人本体的颜色受到污染	—
10	在确认所有作业完成，并检查没问题后再进行试运行	—

↘ 定期点检项目 9：更换轴 2 齿轮箱润滑油。

（1）油塞的位置　轴 2 齿轮箱油塞的位置见表 4-102。

表　4-102

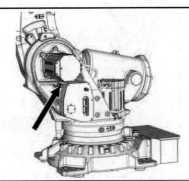	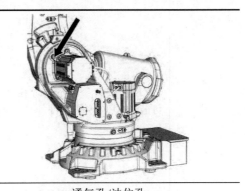
润滑油注入口（抽油器通过该口进行抽油和注油）	通气孔/油位孔
拧紧力矩：24N·m	拧紧力矩：24N·m

（2）所需材料　润滑油。润滑油的标号请参考工业机器人本体上注油孔的标签说明。

（3）所需工具和设备　润滑油收集容器，抽油器，标准工具。

（4）抽出轴 2 齿轮箱的润滑油　使用表 4-103 所示步骤抽出轴 2 齿轮箱的润滑油。

表　4-103

序　号	操　作	注　释
1	⚠ **危险**：进入工业机器人工作区域之前，关闭连接到工业机器人的所有： 1）工业机器人的电源 2）工业机器人的液压供应系统 3）工业机器人的压缩空气供应系统	—
2	ⓘ **小心**：在换油前，让工业机器人运行一下，以加热润滑油，方便流动。在作业期间，时刻穿戴好保护装备，如护目镜、手套	—
3	ⓘ **小心**：齿轮箱中可能会有一定的压力，会引发危险。因此打开油塞时一定要小心，让压力缓慢泄出	—
4	打开润滑油注入口的保护盖，并将抽油器连上	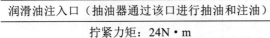

（续）

序　号	操　作	注　释
5	取下通气孔上的油塞 ⚠ **警告**：当抽油器工作时，通气孔没打开可能会损坏内部的零件	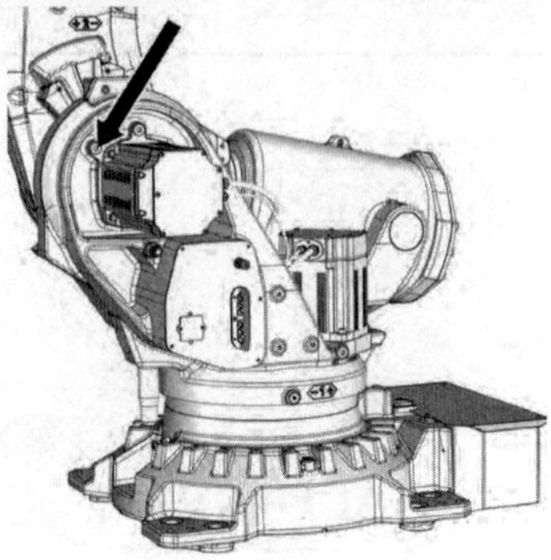
6	使用抽油器将润滑油抽出 ℹ **注意**：抽完后，齿轮箱中可能会有少量润滑油残留，所以抽油的时间可以长一些	—
7	⚠ **警告**：使用过的润滑油是有危害的材料，必须用安全的方式处理好	—
8	移除抽油器，重新盖好注入口的保护盖	—
9	重新盖好油塞	拧紧力矩：24N·m

（5）向轴 2 齿轮箱注入润滑油　使用表 4-104 所示步骤向轴 2 齿轮箱注入润滑油。

表　4-104

序　号	操　作	注　释
1	⚠ **危险**：进入工业机器人工作区域之前，关闭连接到工业机器人的所有： 1）工业机器人的电源 2）工业机器人的液压供应系统 3）工业机器人的压缩空气供应系统	—
2	⚠ **小心**：在作业期间，时刻穿戴好保护装备，如护目镜、手套	—

（续）

序　号	操　作	注　释
3	打开润滑油注入口的保护盖，并将抽油器连上	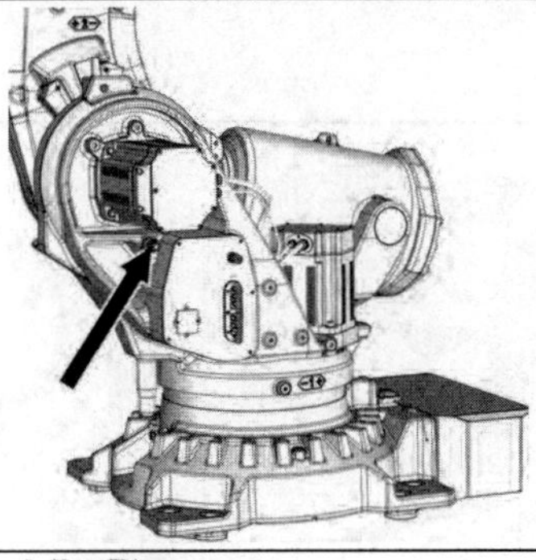
4	取下通气孔上的油塞 ℹ️ 注意：通气孔打开是为了释放注油过程中的空气	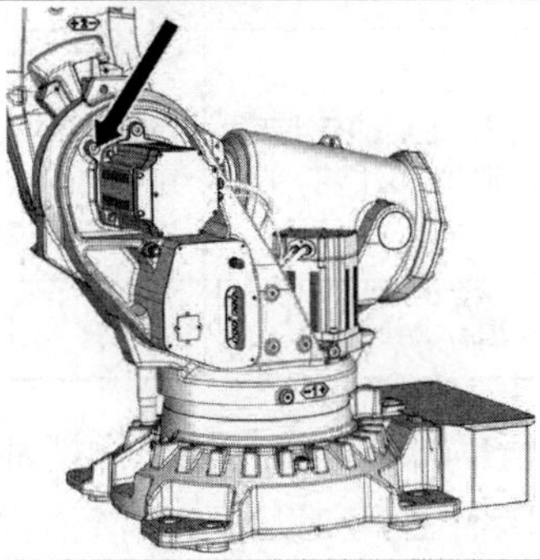
5	使用抽油器向齿轮箱注入润滑油 ℹ️ 注意：注入油量依据之前抽出油量	—
6	检查油位	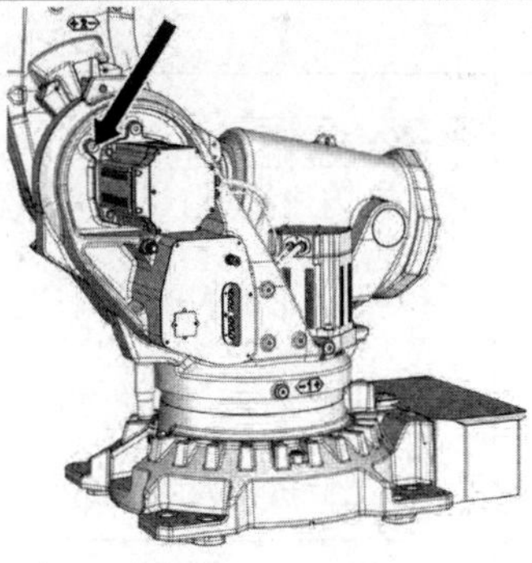 要求油位低于油塞孔 5～15mm
7	移除抽油器，重新盖好注入口的保护盖	—
8	重新盖好油塞	拧紧力矩：24N·m
9	ℹ️ 注意：做完润滑油的维护保养工作后一定要记得清理工业机器人上残留的油渍，以免工业机器人本体的颜色受到污染	—

➷ **定期点检项目 10：更换轴 3 齿轮箱润滑油。**

（1）油塞的位置　轴 3 齿轮箱油塞的位置见表 4-105。

表　4-105

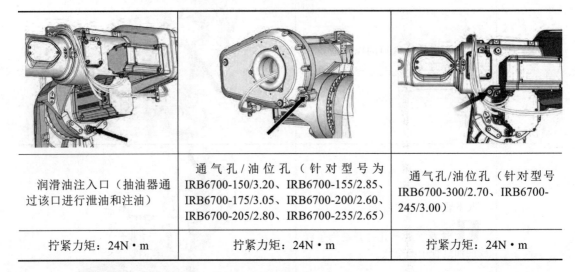

润滑油注入口（抽油器通过该口进行泄油和注油）	通气孔/油位孔（针对型号为 IRB6700-150/3.20、IRB6700-155/2.85、IRB6700-175/3.05、IRB6700-200/2.60、IRB6700-205/2.80、IRB6700-235/2.65）	通气孔/油位孔（针对型号 IRB6700-300/2.70、IRB6700-245/3.00）
拧紧力矩：24N·m	拧紧力矩：24N·m	拧紧力矩：24N·m

（2）所需材料　润滑油。润滑油的标号请参考工业机器人本体上注油孔的标签说明。

（3）所需工具和设备　润滑油收集容器，抽油器，标准工具。

（4）抽出轴 3 齿轮箱的润滑油　使用表 4-106 所示步骤抽出轴 3 齿轮箱的润滑油。

表　4-106

序　号	操　作	注　释
1	⚠ **危险**：进入工业机器人工作区域之前，关闭连接到工业机器人的所有： 1）工业机器人的电源 2）工业机器人的液压供应系统 3）工业机器人的压缩空气供应系统	—
2	⚠ **小心**：在换油前，让工业机器人运行一下，以加热润滑油，方便流动。在作业期间，时刻穿戴好保护装备，如护目镜、手套	
3	将工业机器人各个轴运行到机械原点位置	—
4	⚠ **小心**：齿轮箱中可能会有一定的压力，会引发危险。因此打开油塞时一定要小心，让压力缓慢泄出	

（续）

序　号	操　作	注　释
5	打开润滑油注入口的保护盖，并将抽油器连上	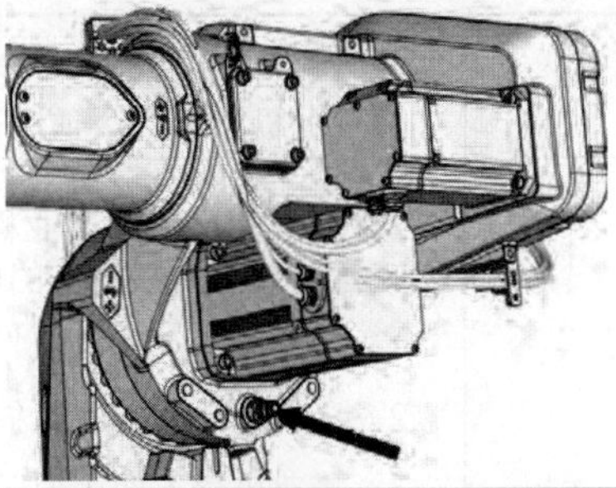
6	取下通气孔上的油塞 ⚠ 警告：当抽油器工作时，通气孔没打开可能会损坏内部的零件	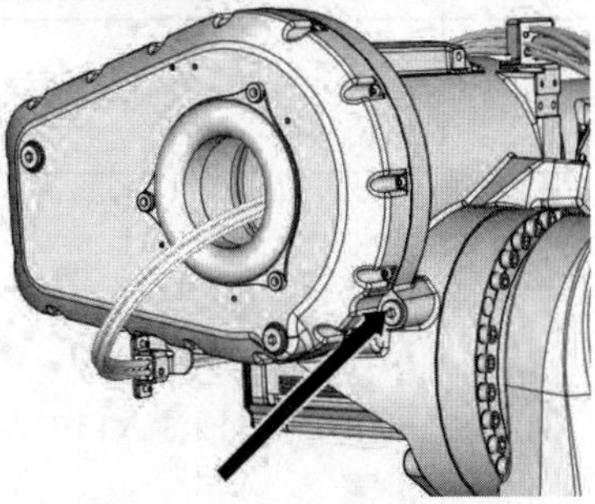 针对型号：IRB6700-150/3.20，IRB6700-155/2.85，IRB6700-175/3.05，IRB6700-200/2.60，IRB6700-205/2.80，IRB6700-235/2.65 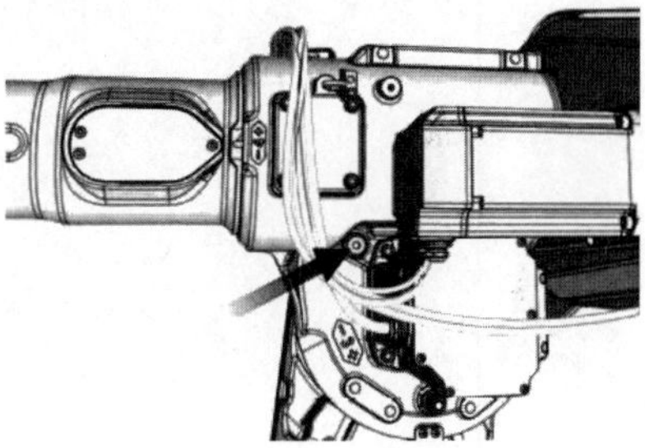 针对型号：IRB6700-300/2.70，IRB6700-245/3.00
7	使用抽油器将润滑油抽出 ℹ 注意：抽完后，齿轮箱中可能会有少量润滑油残留，所以抽油的时间可以长一些	—
8	⚠ 警告：使用过的润滑油是有危害的材料，必须用安全的方式处理好	—
9	移除抽油器，重新盖好注入口的保护盖	—
10	重新盖好油塞	拧紧力矩：24N·m

（5）向轴 3 齿轮箱注入润滑油　使用表 4-107 所示步骤向轴 3 齿轮箱注入润滑油。

表　4-107

序　号	操　作	注　释
1	将工业机器人各个轴运行到机械原点位置	—
2	⚠ 危险：进入工业机器人工作区域之前，关闭连接到工业机器人的所有： 1）工业机器人的电源 2）工业机器人的液压供应系统 3）工业机器人的压缩空气供应系统	—
3	ⓘ 小心：在作业期间，时刻穿戴好保护装备，如护目镜、手套	—
4	打开润滑油注入口的保护盖，并将抽油器连上	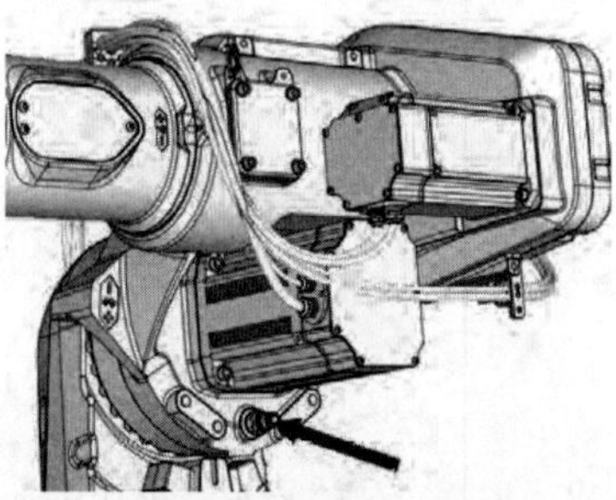
5	取下通气孔上的油塞 ⓘ 注意：通气孔打开是为了释放注油过程中的空气	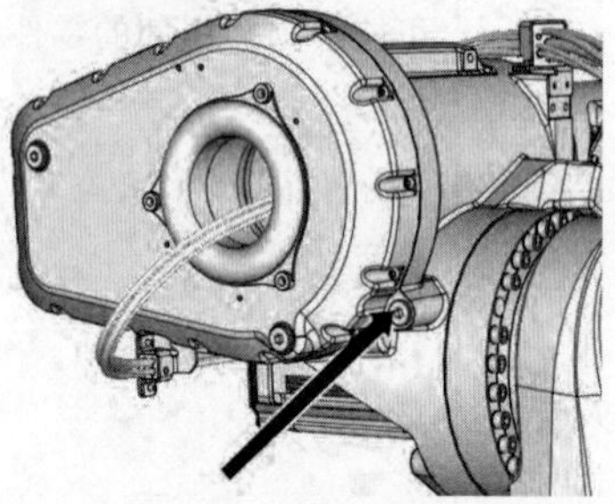 针对型号：IRB6700-150/3.20，IRB6700-155/2.85，IRB6700-175/3.05，IRB6700-200/2.60，IRB6700-205/2.80，IRB6700-235/2.65 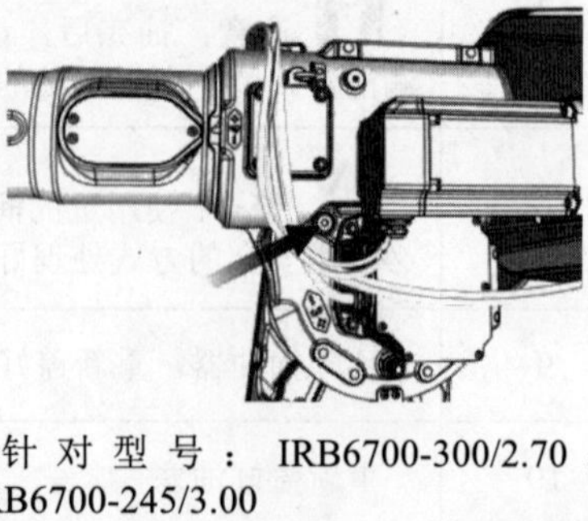 针对型号：IRB6700-300/2.70，IRB6700-245/3.00

（续）

序　号	操　作	注　释
6	使用抽油器向齿轮箱注入润滑油 ℹ️ **注意**：注入油量依据之前抽出油量	—
7	检查油位	针对型号：　IRB6700-150/3.20，IRB6700-155/2.85，IRB6700-175/3.05，IRB6700-200/2.60，IRB6700-205/2.80，IRB6700-235/2.65 针对型号：　IRB6700-300/2.70，IRB6700-245/3.00 要求油位低于油塞孔 5～20mm
8	移除抽油器，重新盖好注入口的保护盖	—
9	重新装好油塞	拧紧力矩：24N·m
10	在确认所有作业完成，并检查没问题后再进行试运行	—

↘ **定期点检项目 11：更换轴 4 齿轮箱润滑油。**

（1）油塞的位置　轴 4 齿轮箱油塞的位置见表 4-108。

表　4-108

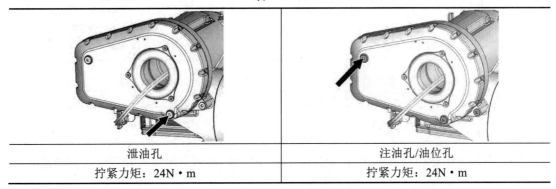

泄油孔	注油孔/油位孔
拧紧力矩：24N·m	拧紧力矩：24N·m

（2）所需材料　润滑油。润滑油的标号请参考工业机器人本体上注油孔的标签说明。

（3）所需工具和设备　润滑油收集容器，抽油器，标准工具。

（4）抽出轴4齿轮箱的润滑油　使用表4-109所示步骤抽出轴4齿轮箱的润滑油。

表 4-109

序　号	操　作	注　释
1	⚠ 危险：进入工业机器人工作区域之前，关闭连接到工业机器人的所有： 1）工业机器人的电源 2）工业机器人的液压供应系统 3）工业机器人的压缩空气供应系统	—
2	⚠ 小心：在换油前，让工业机器人运行一下，以加热润滑油，方便流动。在作业期间，时刻穿戴好保护装备，如护目镜、手套	—
3	将工业机器人各个轴运行到机械原点位置	—
4	⚠ 小心：齿轮箱中可能会有一定的压力，会引发危险。因此打开油塞时一定要小心，让压力缓慢泄出	—
5	将润滑油收集容器放在泄油孔下	
6	取下注油孔上的油塞 ℹ 注意：打开注油孔可以加快泄油速度	
7	打开泄油孔，让润滑油流入容器内	
8	⚠ 警告：使用过的润滑油是有危害的材料，必须用安全的方式处理好	—
9	重新盖好注油孔塞及泄油孔塞	拧紧力矩：24N·m

（5）向轴4齿轮箱注入润滑油　使用表4-110所示步骤向轴4齿轮箱注入润滑油。

表　4-110

序　号	操　作	注　释
1	将工业机器人各个轴运行到机械原点位置	
2	⚠ 危险：进入工业机器人工作区域之前，关闭连接到工业机器人的所有： 1）工业机器人的电源 2）工业机器人的液压供应系统 3）工业机器人的压缩空气供应系统	—
3	ⓘ 小心：在作业期间，时刻穿戴好保护装备，如护目镜、手套	—
4	打开注油孔	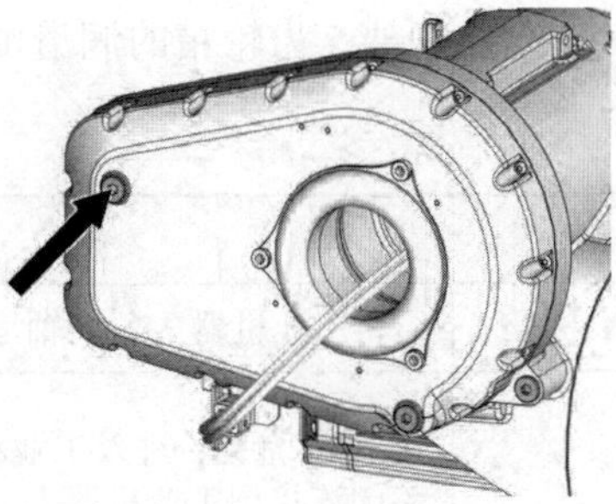
5	向齿轮箱中注入润滑油 ℹ 注意：注入油量依据之前抽出油量	—
6	检查油位	油位通过注油孔进行检查，要求油位低于油塞孔 5～10mm 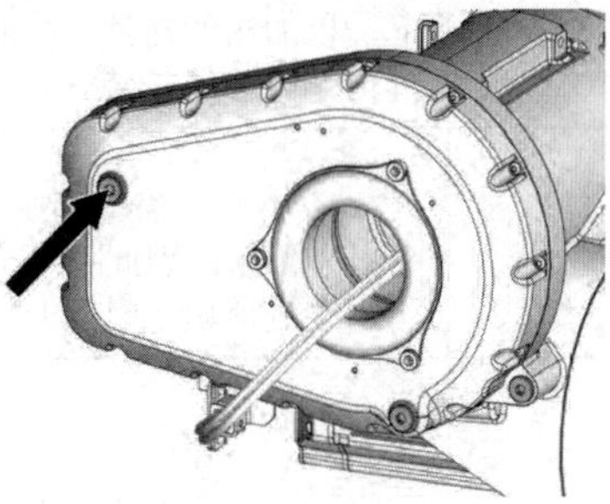
7	在确认所有作业完成，并检查没问题后再进行试运行	—

↘ 定期点检项目 12：更换轴 5 齿轮箱润滑油

（1）油塞的位置　轴 5 齿轮箱油塞的位置见表 4-111。

表　4-111

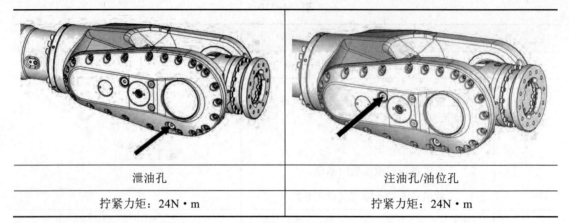

泄油孔	注油孔/油位孔
拧紧力矩：24N·m	拧紧力矩：24N·m

（2）所需材料　润滑油，润滑油的标号请参考工业机器人本体上注油孔的标签说明。

（3）所需工具和设备　润滑油收集容器，抽油器，标准工具。

（4）抽出轴 5 齿轮箱的润滑油　使用表 4-112 所示步骤抽出轴 5 齿轮箱的润滑油。

表　4-112

序　号	操　作	注　释
1	将工业机器人各个轴运行到机械原点位置	—
2	⚠ 危险：进入工业机器人工作区域之前，关闭连接到工业机器人的所有： 1）工业机器人的电源 2）工业机器人的液压供应系统 3）工业机器人的压缩空气供应系统	—
3	ⓘ 小心：在换油前，让工业机器人运行一下，以加热润滑油，方便流动。在作业期间，时刻穿戴好保护装备，如护目镜、手套	—
4	ⓘ 小心：齿轮箱中可能会有一定的压力，会引发危险。因此打开油塞时一定要小心，让压力缓慢泄出	—
5	取下注油孔上的油塞 ℹ 注意：打开注油孔可以加快泄油速度	
6	将润滑油收集容器放在泄油孔下	

（续）

序　号	操　作	注　释
7	打开泄油孔，让润滑油流入容器内	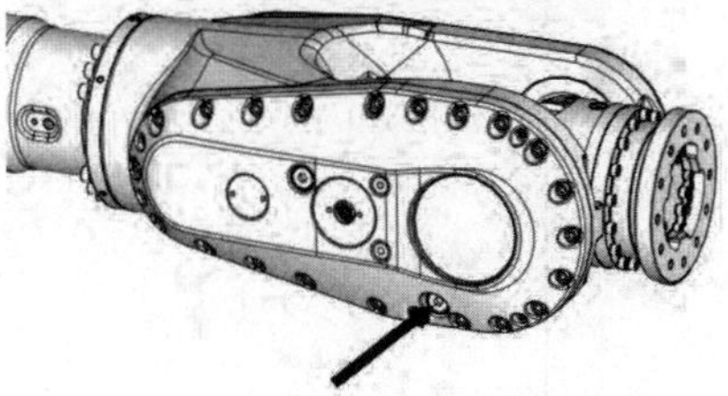
8	⚠ **警告**：使用过的润滑油是有危害的材料，必须用安全的方式处理好	—
9	重新盖好注油孔塞及泄油孔塞	拧紧力矩：24N·m

（5）向轴 5 齿轮箱注入润滑油　使用表 4-113 步骤向轴 5 齿轮箱注入润滑油。

表　4-113

序　号	操　作	注　释
1	⚠ **危险**：进入工业机器人工作区域之前，关闭连接到工业机器人的所有： 1）工业机器人的电源 2）工业机器人的液压供应系统 3）工业机器人的压缩空气供应系统	—
2	ⓘ **小心**：在作业期间，时刻穿戴好保护装备，如护目镜、手套	—
3	将工业机器人各个轴运行到机械原点位置	—
4	打开注油孔	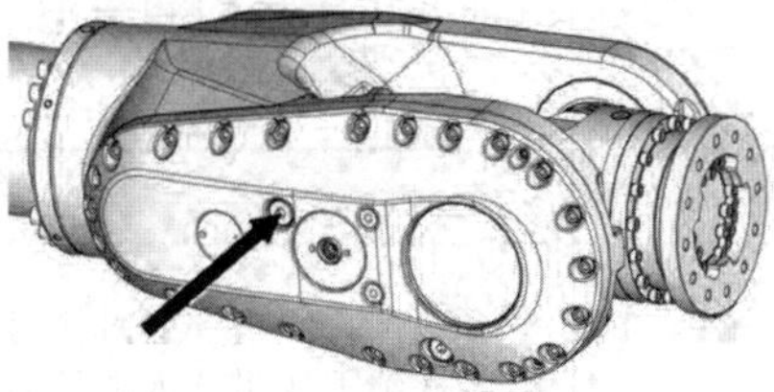
5	向齿轮箱中注入润滑油 ⓘ **注意**：注入油量依据之前抽出油量	—

（续）

序　号	操　作	注　释
6	检查油位	油位通过注油孔进行检查，要求油位为低于油塞孔 5～10mm 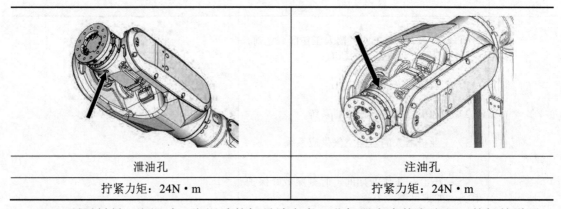
7	重新盖好注油孔塞及泄油孔塞	拧紧力矩：24N·m
8	在确认所有作业完成，并检查没问题后再进行试运行	—

↘ 定期点检项目 13：更换轴 6 齿轮箱润滑油。

（1）油塞的位置　轴 6 齿轮箱油塞的位置见表 4-114。

表　4-114

泄油孔	注油孔
拧紧力矩：24N·m	拧紧力矩：24N·m

（2）所需材料　润滑油。润滑油的标号请参考工业机器人本体上注入口的标签说明。

（3）所需工具和设备　润滑油收集容器，抽油器，标准工具。

（4）抽出轴 6 齿轮箱的润滑油　使用表 4-115 所示步骤抽出轴 6 齿轮箱的润滑油。

表　4-115

序　号	操　作	注　释
1	⚠ **危险：**进入工业机器人工作区域之前，关闭连接到工业机器人的所有： 1）工业机器人的电源 2）工业机器人的液压供应系统 3）工业机器人的压缩空气供应系统	—

（续）

序　号	操　作	注　释
2	⚠ 小心：在换油前，让工业机器人运行一下，以加热润滑油，方便流动。在作业期间，时刻穿戴好保护装备，如护目镜、手套	—
3	将工业机器人各个轴运行到机械原点位置	—
4	⚠ 小心：齿轮箱中可能会有一定的压力，会引发危险。因此打开油塞时一定要小心，让压力缓慢泄出	—
5	将润滑油收集容器放在泄油孔下	—
6	取下注油孔上的油塞 ℹ 注意：打开注油孔可以加快泄油速度	
7	打开泄油孔，让润滑油流入容器内	
8	⚠ 警告：使用过的润滑油是有危害的材料，必须用安全的方式处理好	—
9	重新盖好注油孔塞及泄油孔塞	拧紧力矩：24N·m

（5）向轴 6 齿轮箱注入润滑油　使用表 4-116 所示步骤向轴 6 齿轮箱注入润滑油。

表　4-116

序　号	操　作	注　释
1	将工业机器人各个轴运行到机械原点位置	—
2	⚠ 危险：进入工业机器人工作区域之前，关闭连接到工业机器人的所有： 1）工业机器人的电源 2）工业机器人的液压供应系统 3）工业机器人的压缩空气供应系统	—
3	⚠ 小心：在作业期间，时刻穿戴好保护装备，如护目镜、手套	—

（续）

序　号	操　作	注　释
4	打开注油孔	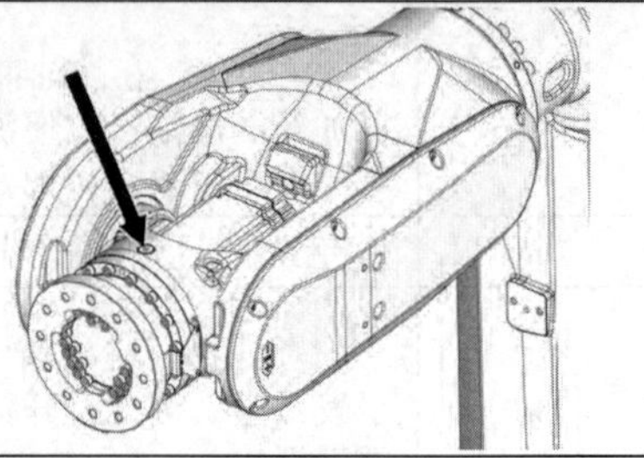
5	向齿轮箱中注入润滑油 ℹ️ 注意：注入油量依据之前抽出油量	—
6	检查油位 ℹ️ 注意：油位通过注油孔进行检查	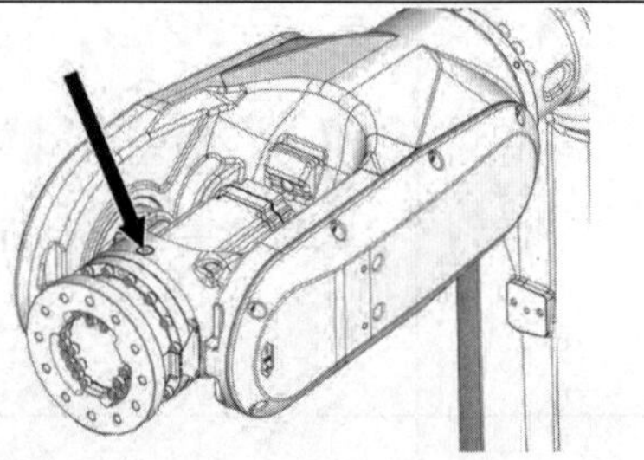 针对型号：IRB6700-150/3.20，IRB6700-155/2.85，IRB6700-175/3.05，IRB6700-200/2.60，IRB6700-205/2.80，IRB6700-235/2.65 要求油位：低于油塞孔密封圈面5～10mm。 针对型号：IRB6700-300/2.70，IRB6700-245/3.00 要求油位：低于油塞孔密封圈面45mm±5mm 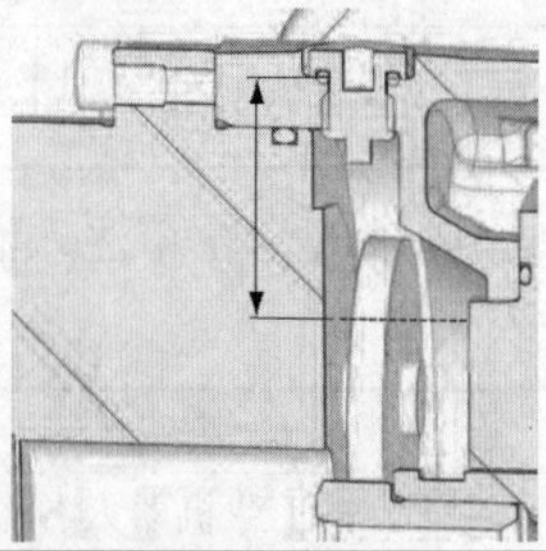
7	重新盖好注油孔塞	拧紧力矩：24N·m
8	在确认所有作业完成，并检查没问题后再进行试运行	—

3. 工业机器人 IRB6700 机械原点位置及转数计数器更新

ABB 工业机器人 IRB6700 的 6 个关节轴都有相应的机械原点位置。当系统设定的原点数据丢失后，需要进行转数计数器更新以便找回原点。

将 6 个轴都对准各自的机械原点标记，如图 4-60 所示。

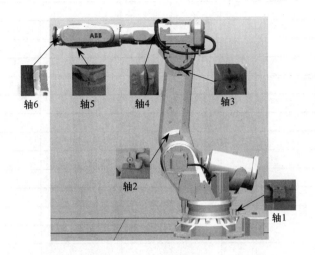

图　4-60

转数计数器的更新操作方法请参考任务 4-2 中的操作流程。

任务 4-8　平面关节型工业机器人 IRB910SC 的本体维护

工作任务

➢ 制订平面关节型工业机器人 IRB910SC 的维护点检计划

➢ 对平面关节型工业机器人 IRB910SC 实施维护点检计划

➢ 掌握工业机器人 IRB910SC 的机械原点位置

➢ 掌握工业机器人 IRB910SC 转数计数器更新的操作

1. 维护计划

必须对工业机器人进行定期维护以确保其功能正常。不可预测情形下的异常也应对工业机器人进行检查。在日常工业机器人的运行过程中也必须及时注意任何损坏。

设备点检是一种科学的设备管理方法，它是利用人的五官或简单的仪器工具，对设备进行定点、定期的检查，对照标准发现设备的异常现象和隐患，掌握设备故障的初期信息，以便及时采取对策，将故障消灭在萌芽阶段的一种管理方法。

接下来针对工业机器人 IRB910SC 制订日点检表及定期点检表，见表 4-117、表 4-118。

工业机器人 IRB910SC 日点检表及定期点检表说明如下：

1）表 4-117、表 4-118 中列出的是与工业机器人 IRB910SC 本身直接相关的点检项目。

2）工业机器人一般不是单独存在于工作现场的，必然会有相关的周边设备。所以可以根据实际的情况将周边设备的点检项目添加到点检表中，以方便工作的开展。

表 4-117

IRB910SC 日点检表

____年 ____月

类别	编号	检查项目	要求标准	方法	1	2	3	4	5	6	7	8	9	10	11	12	13	14	15	16	17	18	19	20	21	22	23	24	25	26	27	28	29	30	31
日点检	1	工业机器人本体及控制柜清洁,四周无杂物	无灰尘及异物	擦拭																															
	2	保持通风良好	清洁无污染	测																																
	3	示教器屏幕显示是否正常	显示示正常	看																																
	4	示教器控制器是否正常	正常控制工业机器人	试																																
	5	检查安全装置防护装置是否运作正常,急停按钮是否正常等	安全装置运作正常	测试																																
	6	气管、接头、气阀有无漏气	密封性完好,无漏气	听、看																																
	7	检查电动机运转声音是否异常	无异常声响	听																																
		确认人签字																																		

备注：日点检要求每日开工前进行。设备点检、维护正常画 "√"；使用异常常画 "△"；设备未运行画 "/"。

表 4-118

IRB910SC 定期点检表

____年

类别	编号	检查项目	1	2	3	4	5	6	7	8	9	10	11	12
定期①点检	1	清洁工业机器人												
	2	检查工业机器人线缆②												
	3	检查轴 1、轴 2 机械限位③												
	4	检查滚珠丝杠												
	5	检查轴 3 机械限位③												
		确认人签字												
每 6 个月	6	检查同步带												
		确认人签字												
每 12 个月	7	检查信息标签												
		确认人签字												
	8	更换电池组④												
		确认人签字												
备注	① "定期" 意味着要定期执行相关活动，但实际的间隔可以不遵守工业机器人制造商的规定。此间隔取决于工业机器人的操作周期、工作环境和运动模式。通常，环境污染越苛刻（运动模式越苛重，电缆线束弯曲越厉害），检查间隔越短。 ② 工业机器人布线包含工业机器人与控制柜之间的布线。如果发现有损坏或裂缝，或即将达到寿命，应更换。 ③ 如果机械限位被撞到，应立即检查。 ④ 电池的剩余后备电量（工业机器人电源关闭）不足 2 个月时，将显示电池低电量警告（3213 电池电量低）。通常，如果工业机器人电源每天关闭的使用寿命为 36 个月；而如果工业机器人电源每天关闭 16h，则新电池的使用寿命为 18 个月。对于较长时间的生产中断，通过电池服务例行程序可延长电池使用寿命（大约 3 倍）。 设备点检，维护正常画 "○"；使用异常画 "○"；使用正常画 "√"；设备未运行画 "/"。													

199

2. 维护实施

➡ **定期点检项目 1:清洁工业机器人。**

关闭工业机器人的所有电源,然后再进入工业机器人的工作空间。

为保证较长的正常运行时间,请务必定期清洁 IRB910SC。清洁的时间间隔取决于工业机器人工作的环境。

IRB910SC 的防护等级为 IP20,请注意使用适当的清洁方法。

> 🛈 **注意**:清洁之前务必确认工业机器人的防护类型。

(1)注意事项:

1)务必按照规定使用清洁设备。任何其他清洁设备都可能会缩短工业机器人的使用寿命。

2)清洁前,务必先检查是否所有保护盖都已安装到工业机器人上。

3)切勿进行以下操作:

① 将清洗水柱对准连接器、接点、密封件或垫圈。

② 使用压缩空气清洁工业机器人。

③ 使用未获工业机器人厂家批准的溶剂清洁工业机器人。

④ 喷射清洗液的距离低于 0.4m。

⑤ 清洁工业机器人之前,卸下任何保护盖或其他保护装置。

(2)清洁方法 表 4-119 规定了 ABB 工业机器人 IRB910SC 所允许的清洁方法

表 4-119

工业机器人防护类型	清 洁 方 法			
	真空吸尘器	用布擦拭	用水冲洗	高压水或高压蒸汽
标准型 IP20	可行	可行,使用少量清洁剂	不可以	不可以

用布擦拭:工业机器人在清洁后,确保没有液体流入工业机器人,以及残留在缝隙或表面。

(3)电缆 可移动电缆应能自由移动:

1)如果沙、灰和碎屑等废弃物妨碍电缆移动,应将其清除。

2)如果发现电缆有硬皮,则要马上进行清洁。

➡ **定期点检项目 2:检查工业机器人线缆。**

工业机器人布线包含工业机器人与控制柜之间的线缆,主要是电动机动力线缆、转数计数器线缆、示教器线缆和用户线缆(选配),如图 4-61 所示。

(1)所需工具和设备 目视检查,无须工具。

(2)检查工业机器人布线 使用表 4-120 所示操作程序检查工业机器人线缆。

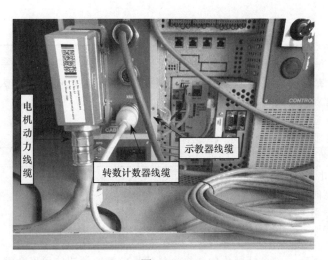

图　4-61

表　4-120

序　号	操　作
1	⚠ **危险**：进入工业机器人工作区域之前，关闭连接到工业机器人的所有： 1）工业机器人的电源 2）工业机器人的液压供应系统 3）工业机器人的气压供应系统
2	1）目测检查：工业机器人与控制柜之间的控制线缆 2）查找是否有磨损、切割或挤压损坏
3	如果检测到磨损或损坏，则更换线缆

➡ 定期点检项目 3：检查轴 1、轴 2 机械限位。

在 IRB910SC 的轴 1 和轴 2 的运动极限位置有机械限位（图 4-62），用于限制轴运动范围，以满足应用中的需要。为了安全，要定期点检所有的机械限位是否完好，功能是否正常。

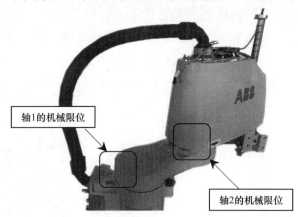

图　4-62

（1）所需工具和设备　目视检查，无须工具。

（2）检查机械停止限位　使用表 4-121 所示操作步骤检查轴 1 和轴 2 上的机械限位。

表 4-121

序　号	操　作
1	⚠ 危险：进入工业机器人工作区域之前，关闭连接到工业机器人的所有： 1）工业机器人的电源 2）工业机器人的液压供应系统 3）工业机器人的压缩空气供应系统
2	检查机械限位
3	限位出现以下情况时，应马上进行更换： 1）弯曲变形 2）松动 3）损坏 ℹ 注意：与机械限位的碰撞会导致齿轮箱的预期使用寿命缩短。在示教与调试工业机器人时要特别小心

✎ **定期点检项目 4、5：检查滚珠丝杠和轴 3 机械限位。**

IRB910SC 的轴 3 使用滚珠丝杠的形式，如图 4-63 所示。

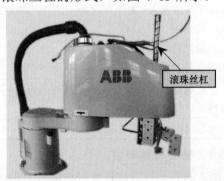

图　4-63

（1）所需工具和设备　目视检查，无须工具。

（2）检查滚珠丝杠　使用表 4-122 所示操作步骤检查轴 3 的滚珠丝杠。

表　4-122

序　号	操　作	注　释
1	⚠ 危险：在检查滚珠丝杠时，需要松开工业机器人本体的各轴刹车。这个可能会造成轴 3 的快速向下滑落形成危险 在操作刹车按钮前，应做好轴 3 对应的支撑或拆下夹具	小心松开刹车轴 3 下滑，要做好支撑。

（续）

序　号	操　作	注　释
2	一只手扶着滚珠丝杠（防止意外下滑），另一只手按松刹车按钮	 松刹车按钮
3	将滚珠丝杠手动推到上极限和下极限位置，然后观察： 1）轴 3 两端的机械限位是否完好 2）滚珠丝杠表面是否光滑，有无划伤 3）表面的润滑油是否足够 润滑油 ABB 订货号：3HAC058096-001	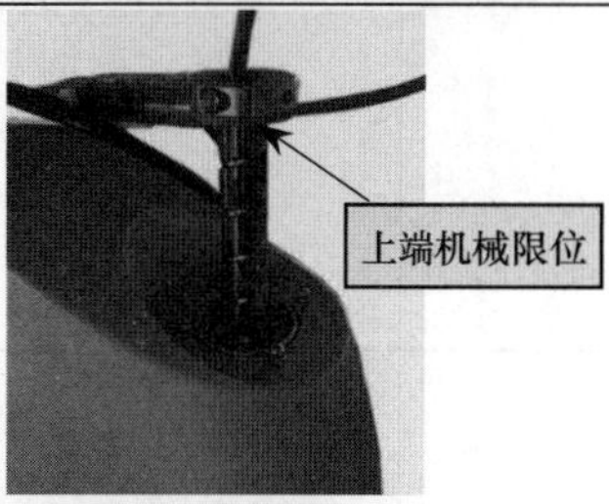 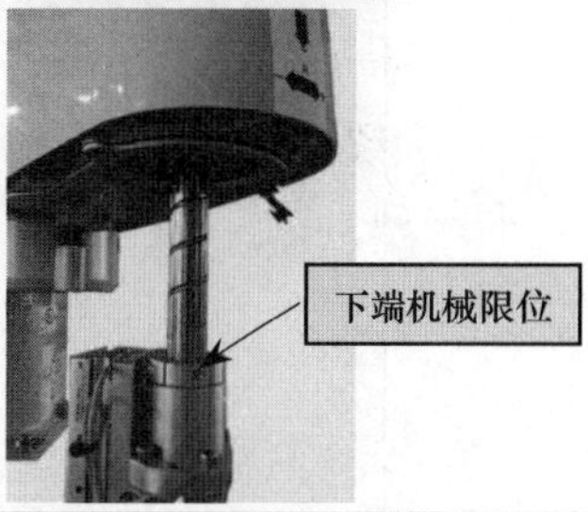 上端机械限位 下端机械限位

➥**定期点检项目 6：检查同步带。**

（1）打开同步带护盖的操作　使用表 4-123 所示操作步骤打开同步带的防护外壳。

表　4-123

序　号	操　作	注　释
1	将工业机器人轴 2 运动到 90°的位置	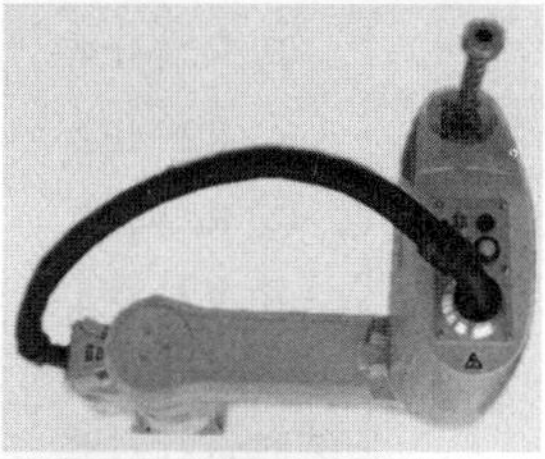
2	⚠　在进行下面的作业之前，关闭工业机器人电源，断开压缩空气系统。 将右图中用圆圈标志的 5 个防护外壳螺钉拆卸下来	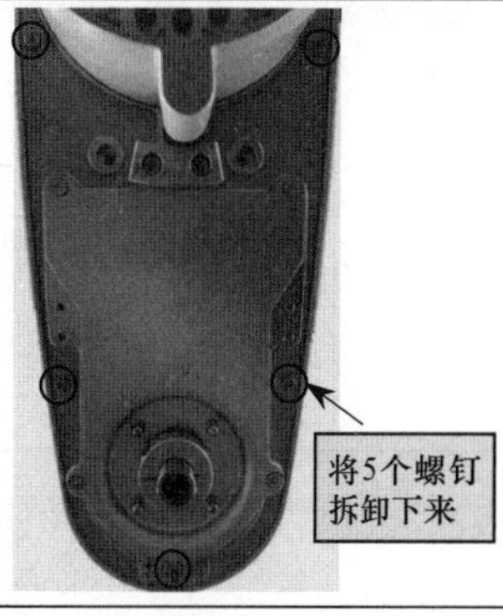 将5个螺钉拆卸下来

（续）

序　号	操　　作	注　　释
3	将第 6 个防护外壳的螺钉拆卸下来	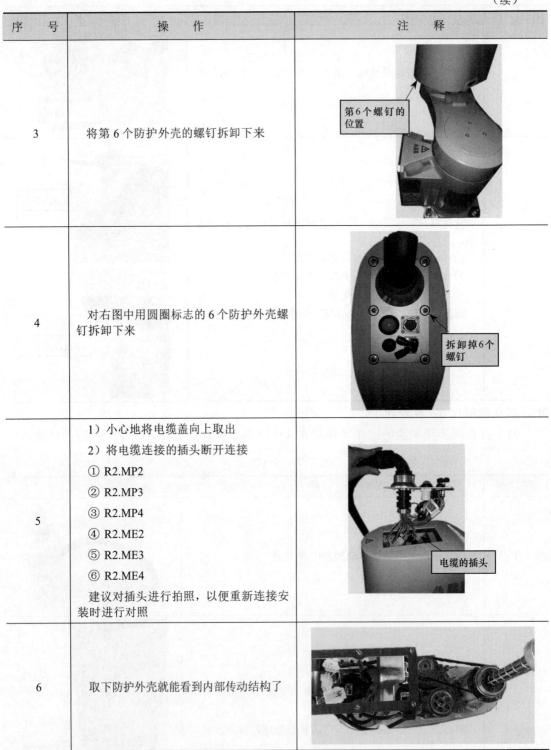
4	对右图中用圆圈标志的 6 个防护外壳螺钉拆卸下来	
5	1）小心地将电缆盖向上取出 2）将电缆连接的插头断开连接 ① R2.MP2 ② R2.MP3 ③ R2.MP4 ④ R2.ME2 ⑤ R2.ME3 ⑥ R2.ME4 建议对插头进行拍照，以便重新连接安装时进行对照	
6	取下防护外壳就能看到内部传动结构了	

（2）检查同步带的操作　使用表 4-124 所示操作步骤检查同步带。

表　4-124

序　号	操　　作	注　释
1	检查同步带是否有磨损与异常	轴3同步带 轴4上同步带 轴4下同步带
2	使用同步带张力计对轴3、轴4的同步带张力进行检测	
3	轴3同步带的张力	新更换同步带的张力：28.5～31.3N 正常使用中同步带的张力：19.9～22.8N
4	轴4同步带的张力	上同步带： 新更换同步带的张力：30.5～33.6N 正常使用中同步带的张力：21.4～24.4N 下同步带： 新更换同步带的张力：83.1～91.4N 正常使用中同步带的张力：58.1～66.5N
5	如果同步带的张力不正确，应调整	调整用螺钉
6	如果同步带已磨损，应及时更换	—

➲ **定期点检项目7：检查信息标签。**

工业机器人和控制器都贴有数个安全和信息标签，其中包含产品的相关重要信息。这些信息对所有操作机器人系统的人员都非常有用，特别是在安装、检修或操作期间。所以有必要维护好信息标签的完整。

（1）所需工具和设备　目视检查，无须工具。

（2）检查标签　步骤见表4-125。

表 4-125

序　号	操　作	注　释
1	⚠ 危险：进入工业机器人工作区域之前，关闭连接到工业机器人的所有： 1）工业机器人的电源 2）工业机器人的液压供应系统 3）工业机器人的压缩空气供应系统	—
2	检查标签	参 考 任 务 1-2
3	更换所有丢失或受损的标签	—

❏ 定期点检项目 8：更换电池组。

电池的剩余后备电量（工业机器人电源关闭）不足 2 个月时，将显示电池低电量警告（38213 电池电量低）。通常，如果工业机器人电源每周关闭 2 天，则新电池的使用寿命为 36 个月；而如果工业机器人电源每天关闭 16h，则新电池的使用寿命为 18 个月。对于较长时间的生产中断，通过电池关闭服务例行程序可延长电池的使用寿命（大约提高使用寿命 3 倍）。

电池组的位置如图 4-64 所示。

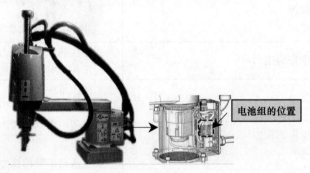

图 4-64

（1）所需工具和设备　2.5mm 内六角圆头扳手，长 110mm；刀具。

（2）必需的耗材　塑料扎带。

（3）卸下电池组　使用以下操作卸下电池组。

1）拆卸电池组前的准备工作见表 4-126。

表 4-126

序　号	操　作	注　释
1	将工业机器人各个轴调至其机械原点位置，目的是有助于后续的转数计数器更新操作	

（续）

序　号	操　作	注　释
2	⚠️ **危险**：进入工业机器人工作区域之前，关闭连接到工业机器人的所有： 1）工业机器人的电源 2）工业机器人的液压供应系统 3）工业机器人的压缩空气供应系统	—

2）卸下电池组：操作见表 4-127。

表　4-127

序　号	操　作	注　释
1	⚠️ **危险**：确保电源、液压和压缩空气都已经全部关闭	—
2	⚠️ **静电放电**：该装置易受 ESD 影响。在操作之前，请先阅读任务 1-2 中的安全标志及操作提示	—
3	⚠️ **小心**：对于洁净室版工业机器人，在拆卸工业机器人的零部件时，务必使用刀具切割漆层以免漆层开裂，并打磨漆层毛边以获得光滑表面	—
4	卸下底座连接器盖子的螺钉并小心地打开盖子 ⚠️ **小心**：盖子上连着线缆	 使用内六角扳手打开此电池
5	断开 R2.MP1、R2.ME1 连接器 💡 **提示**：可在断开连接器前拍照记录，以便安装时对照	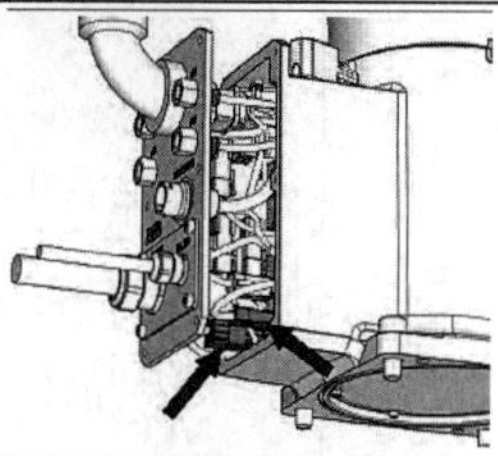
6	断开右图中的连接器：R1.BK1-2、R1.DBP、R2.BK1-2	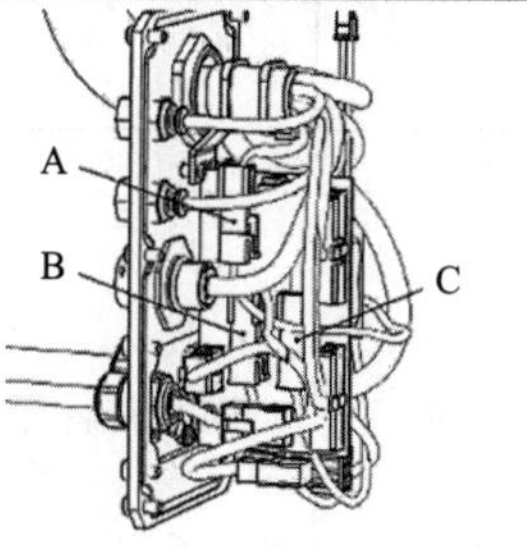 A—R1.BK1-2　B—R1.DBP C—R2.BK1-2

（续）

序　号	操　作	注　释
7	割断黑色包裹的 PCB 电路板扎带，然后小心取下	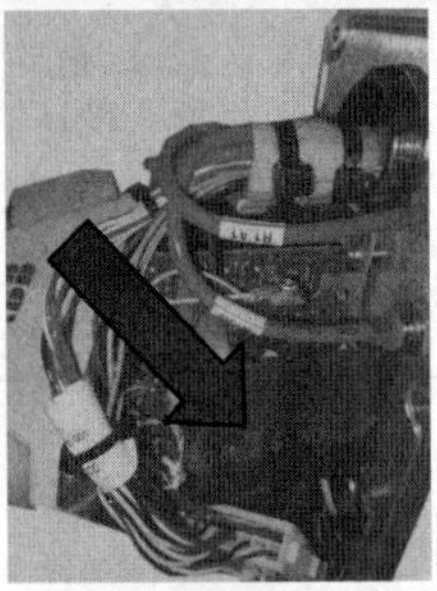
8	断开电池的连接，割断固定用的扎带，然后取下电池	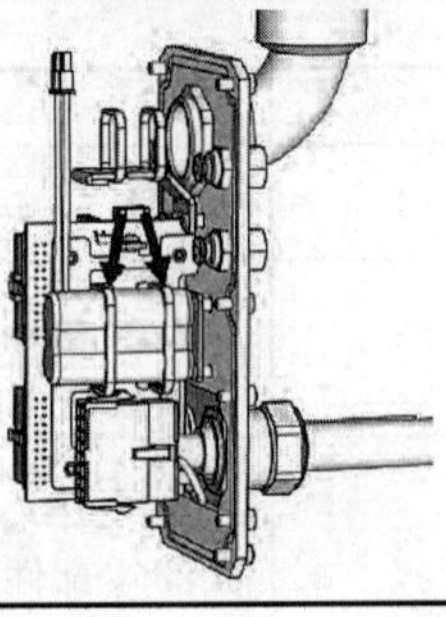

3）重新安装电池组。使用表 4-128 所示操作安装新的电池组。

表　4-128

序　号	操　作	注　释
1	⚠ **静电放电**：该装置易受 ESD 影响。在操作之前，先阅读任务 1-2 中的安全标志及操作提示	—
2	清洁洁净室版工业机器人已打开的接缝	—
3	安装电池并用线缆捆扎带固定，连接电池接头 ℹ **注意**：电池包含保护电路。应使用规定的备件或 ABB 认可的同等质量的备件进行更换	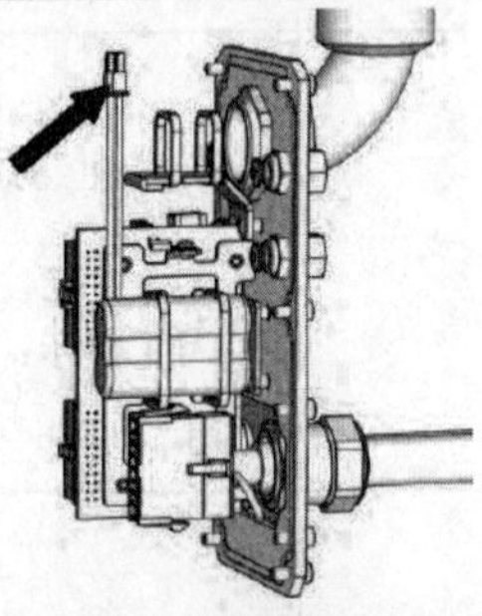
4	用扎带将黑色包裹的 PCB 电路板与电池重新固定好	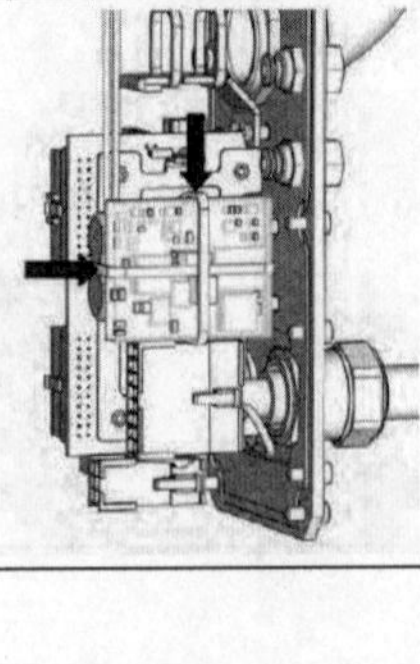

（续）

序　号	操　作	注　释
5	将连接器 R1.BK1-2、R1.DBP、R2.BK1-2、R2.MP1、R2.ME1 重新连接好	—
6	重新将盖板盖好	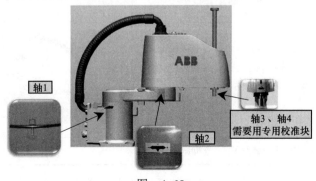
7	洁净室版工业机器人：对密封和盖子与本体的接缝进行涂漆处理 **ℹ 注意：**完成所有维修工作后，用蘸有酒精的无绒布擦掉工业机器人上的颗粒物	—

（4）最后步骤　见表 4-129。

表　4-129

序　号	操　作	注　释
1	更新转数计数器	流程请参考《工业机器人实操与应用技巧　第2版》
2	洁净室版工业机器人：清洁打开的关节相关部位并对其涂漆 **ℹ 注意：**完成所有维修工作后，用蘸有酒精的无绒布擦掉洁净室版工业机器人上的颗粒物	—
3	**⚠ 危险：**确保在执行首次试运行时，满足所有安全要求。这些内容在任务1中有详细说明	—

3. 工业机器人 IRB910SC 机械原点位置及转数计数器更新

ABB 工业机器人 IRB910SC 的 6 个关节轴都有一个机械原点位置，即各轴的原点位置。当系统设定的原点数据丢失后，需要进行转数计数器更新以便找回原点。

将 6 个轴都对准各自的机械原点标记，如图 4-65 所示。

图　4-65

轴 3 和轴 4 的机械原点位置需要用专用的校准块，这个校准块在出厂时是与工业机器人放在同一个箱子里发货的。校准的具体操作步骤见表 4-130。

表 4-130

序 号	操 作	注 释
1	通过将校准块上的平面部分对齐杆上的平面位置，定位校准块	 A—杆上的平面位置　B—校准块上的平面部分
2	当校准块的下端面和杆的下表面齐平，慢慢锁紧螺钉确保校准块不会掉落	
3	慢慢旋转校准块上的把手，直到球销插入杆上圆锥孔	
4	拧紧螺钉，将校准块固定在杆上	—
5	一只手扶着校准块，另一只按住松刹车按钮，手动将轴 3 往上推，直到校准块上的校准针刚刚接触到最上端的凹槽，不产生接触压力	
6	松开刹车按钮。继续进行校准的操作	—

转数计数器的更新操作方法，请参考任务 4-2 中的操作流程。

学 习 测 评

要　求	自 我 评 价			备　注
	掌握	知道	再学	
学会制定工业机器人的维护计划				
掌握工业机器人转数计数器更新的操作				
掌握协同型工业机器人 YuMi 的维护保养操作流程				
掌握 SCARA 工业机器人 IRB910SC 的维护保养操作流程				
掌握关节型工业机器人 IRB120 的维护保养操作流程				
掌握关节型工业机器人 IRB1200 的维护保养操作流程				
掌握关节型工业机器人 IRB1410 的维护保养操作流程				
掌握并联型工业机器人 IRB360 的维护保养操作流程				
掌握码垛型工业机器人 IRB460 的维护保养操作流程				
掌握关节型工业机器人 IRB6700 的维护保养操作流程				

练 习 题

1. 选择一款型号的工业机器人，制定工业机器人的日点检计划表。
2. 选择一款型号的工业机器人，制定工业机器人的定期点检计划表。
3. 简述工业机器人清洁作业的流程与注意事项。
4. 简述检查工业机器人线缆的流程与注意事项。
5. 简述检查工业机器人轴机械限位的流程与注意事项。
6. 简述检查工业机器人本体信息标签的流程与注意事项。
7. 简述工业机器人更换电池组的流程与注意事项。
8. 简述工业机器人更换润滑油的流程与注意事项。
9. 简述工业机器人转数计数器更新的操作。